零基础学
Python
编程一本通

刘雅琼
何公甫
邹荣陞
李宗泽
何 鑫
编 著

U0393139

化学工业出版社
·北京·

内 容 简 介

本书通过全彩图解+视频讲解的形式，介绍了Python编程入门及应用的相关知识，主要内容包括：Python编程环境安装与运行、Python中的数字运算、Python中的数据类型、输入输出与文件操作、条件与循环语句、函数与库、Python的OS、Python的命名空间与生命周期，以及Python五子棋项目实例、Python实现简易计算器、Python嵌入式实例——机器视觉等综合案例的开发。

本书内容循序渐进，讲解通俗易懂，书中重难点章节配套视频讲解，扫码即可随时观看，同时提供源程序，方便学习实践。

本书适合Python初学者、热爱编程的青少年朋友自学使用，也适合中小学信息技术课堂或相关培训机构用作教材。

图书在版编目（CIP）数据

零基础学Python编程一本通 / 刘雅琼等编著. —北京：化学工业出版社，2022.11

ISBN 978-7-122-42161-6

Ⅰ．①零… Ⅱ．①刘… Ⅲ．①软件工具－程序设计

Ⅳ．①TP311.561

中国版本图书馆 CIP 数据核字（2022）第 170300 号

责任编辑：耍利娜　　　　　　　　　　　　装帧设计：水长流文化
责任校对：王　静

出版发行：化学工业出版社（北京市东城区青年湖南街 13 号　邮政编码 100011）
印　　装：河北京平诚乾印刷有限公司
880mm×1230mm　1/32　印张5½　字数 90 千字　2023 年 3 月北京第 1 版第 1 次印刷

购书咨询：010-64518888　　　　　　　　　　售后服务：010-64518899
网　　址：http://www.cip.com.cn
凡购买本书，如有缺损质量问题，本社销售中心负责调换。

定　　价：59.00 元　　　　　　　　　　　　　版权所有　违者必究

关于编程

🐍 什么是编程?

编程,顾名思义,就是编写程序。人与人沟通需要用语言(如汉语、英语等),而我们要想与电脑沟通,就需要用电脑能够理解的语言。"组织好的语言"我们可以把它叫作程序。程序就是我们与电脑沟通的工具,通过编程把我们脑子里的想法表达出来,电脑才能理解我们,帮我们做事。编程的过程,就是组织语言的过程。

编程就像使用不同的语言写作文一样,必须要用合适的文字,并且遵守一定的语言规则。现有的编程语言种类很多,包括Python、C++、Java等。本书主要基于Python语言,带领大家走进编程的世界。

🐍 编程无处不在

生活中常用的电脑、手机、儿童手表、冰箱等,都离不开编程。虽然程序看不见摸不着,但它的的确确影响着我们的生活。如果条件允许,你不妨用电脑打开一个网站

（这里以百度为例），在网页界面右击鼠标，选择查看网页源代码，如图1所示。

图1　百度网站

图2　网页源代码

图2所示就是编写好的程序，扑面而来的字符串是否令你感到头大？不用着急，在本书中你将会学习如何读懂代码，并且培养独立编写代码的能力，最终熟练应用代码。

为什么要学编程？

少儿编程之父米歇尔·雷斯尼克说："通过搭积木，孩子们学会了结构和稳定；通过画画，他们学会了如何混合不同的颜色。最重要的是，他们学到了创造的过程。编程可以帮助你表达并分享你的想法，孩子们在学习编程的时候，可以创作自己的故事、动画和游戏，可以把自己的想法展示出来，并与世界分享。"

学编程并不是要我们以后去做程序员，而是培养一种逻辑思维，锻炼我们的实践能力与创作能力。让我们在本书的带领下一起进入编程的世界吧！

关于Python

Python的诞生

1989年的圣诞节，荷兰人吉多·范罗苏姆（Guido van Rossum）正在阿姆斯特丹思考如何打发自己的时间，一个想法涌现在他的脑海里——开发一门对非计算机专业的人较为友好的编程语言，也就是一个新的脚本解释程序。在这个想法的驱动下，Guido开始编写Python的编译/解释器。

有趣的是，Python（原意为大蟒蛇）作为该编程语言的名字，与蟒蛇并没有任何关系，而是取自Guido喜欢的喜剧《蒙提·派森的飞行马戏团》（Monty Python's Flying Circus）。

Python的特点

Python是一门面向对象的解释型语言，它具有许多优点：简单易学、易读易维护、用途广泛、免费开源、可移植性好、解释性好、具有良好的可扩展性与可嵌入性，并且Python还提供丰富的库。以上优点让Python成为如今最受欢迎的编程语言之一，并且成为人工智能的首选语言。由此可见，Python极有可能是未来几十年内最具潜力的编程语言。

现在，Python广泛应用于Web应用开发、人工智能、网络编程、游戏开发等领域。

当然，Python也有不足：运行速度慢、缩进容易让初学者疑惑，等等。

也许你现在还不能理解上述种种特性，不要急，在接下来的学习中你会逐步感受到这门编程语言的强大魅力。

Python的版本

Python 2于2000年10月16日发布，稳定版本是Python 2.7，终止维护在2020年。Python 3于2008年12月3日发布，不完全兼容Python 2。本书主要基于Python 3来介绍。

Python官网提供Windows版本、Linux版本、MacOS版本，下载你所需要的版本即可。安装方法会在后续章节中详细介绍。

什么是解释器

Python语言是一门高级语言，编写者能理解代码但计算机并不能直接执行，而是需要高级语言与机器之间的翻

译官——解释器来搭建沟通的桥梁。

计算机内的信息是以二进制编码方式传递的。解释器是将代码翻译成机器可以执行的二进制机器码的工具。Python是一门解释型语言，依靠Python解释器来完成正常的工作。

什么是IDE（集成开发环境）

Python开发中，仅有解释器是远远不够的，我们还需要许多其他辅助软件，例如：

- 编辑器：用来编写代码，并且给代码着色，以方便阅读；

- 调试器：观察程序的每一个运行步骤，发现程序的逻辑错误；

……

这些工具通常被打包在一起，统一发布和安装，它们统称为集成开发环境（IDE，Integrated Development Environment）。

在此，我们推荐的Python IDE是由JetBrains打造的Pycharm。它的功能十分强大，包括但不仅限于编码协助、项目代码导航、代码分享……

Python之禅

Python中还提供了一个有趣的库——this库（后续会介绍库的导入），也就是初学者必须了解的"Python之禅"。Python之禅即Python的修行方法，是我们在后续Python学习中需要领悟的规则和标准。以下列出三条示例：

○ 优美胜于丑陋；
○ 明了胜于晦涩；
○ 复杂胜于凌乱。

希望你能深刻领悟Python之禅，在Python的学习道路上越走越远！

编著者

扫码下载
源程序

目录

第 **3** 章　Python中的数据类型

第 **4** 章　输入输出与文件操作

第 1 章

Hello Python

Windows 10下Python环境的安装与运行

工欲善其事，必先利其器。我们在开始Python的学习之前，应该首先把Python的开发环境安装到电脑上。

首先，可以在官网下载Python安装包。浏览器上方网址栏输入Python的官方网址，然后按下Enter（回车）键，等待网页跳转。

具体演示如图1.1所示。

图1.1　进入Python官网

然后，找到最新版本下载即可。本书演示版本为Python 3.9.4，点击进入下载页面，如图1.2所示。

图1.2　选择下载版本

根据自己电脑系统选择下载32位（32-bit）或64位

（64-bit）的安装包，如图1.3所示。这里演示的是64位（现在大多数操作系统为64位）。若下载缓慢，可点击鼠标右键，复制链接，打开迅雷等下载器下载。

图1.3　选择安装包

下载完毕后，点击运行安装包，按图1.4所示，首先勾选❶处。然后点击❷处。等待安装完毕。

图1.4　Python的安装选项

按下Win + R键，如图1.5所示。输入"cmd"，点击"确定"，如图1.6所示。

图1.5　键位标识

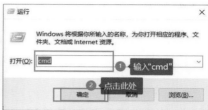

图1.6　cmd的打开方法

输入"python"，出现以下内容，安装完毕，如图1.7所示。

图1.7　验证Python安装状态

关闭命令行，在Windows 10下方搜索栏中输入"IDLE"，点击IDLE应用，如图1.8所示。或者按图1.9所示的方式打开。打开后的界面如图1.10所示。

图1.8　打开IDLE（第一种方法）

图1.9　打开IDLE（第二种方法）

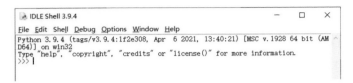

图1.10 IDLE界面

试着输入下面这段代码，看看会发生什么吧！

```
import time
print(time.strftime("%Y-%m-%d  %H:%M:
%S", time.localtime()))
```

可以看到代码运行结果为获取当前日期和时间，如图1.11所示。

图1.11 代码运行结果

1.2 IDLE的简单使用

1.2.1 什么是IDLE

IDLE是Python自带的集成开发环境，使用它可以方便地同Python进行交互，调试Python程序，编写Python

零基础学Python编程一本通

脚本。

IDLE的界面布局如图1.12所示。图示代码为计算1+1的结果。

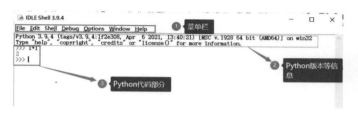

图1.12　IDLE的界面布局

1.2.2　IDLE基本设置

依次点击Options→Configure IDLE→Settings，可以设置字体、字号等，如图1.13所示。

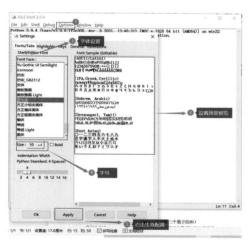

图1.13　IDLE基本设置

1.2.3 IDLE运行简单的代码

下面我们简单运行一段代码，如图1.14所示。

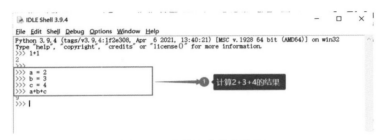

图1.14 **计算三个数字的和**

在图1.14所示的代码中，我们分别令a、b、c代表了数字2、3、4，并将三个数相加，输出结果为9。

如图1.15所示，我们输入代码print（"hello word"），结果会输出"hello word"文字内容。

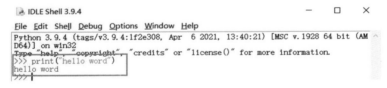

图1.15 **输出"hello word"**

1.2.4 IDLE运行多行代码

在IDLE菜单处选择File→New File，新建Python文件。如图1.16所示，输入代码后，按下Ctrl+S保存文件，如图1.17所示。按下F5键，运行代码，结果如图1.18所示。

图1.16　新建文件，输入代码

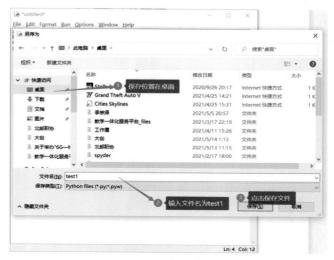

图1.17　保存文件

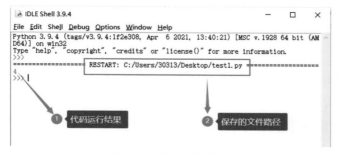

图1.18　代码运行结果

1.3 第一行代码

通过前文的介绍，我们了解了什么是Python，掌握了Python的安装以及IDLE的基本使用。下面让我们开始第一行Python代码的学习。

打开IDLE，试着输入下面这行代码（注意标点符号一律使用英文格式）。

```
print('我爱python')
```

会得到如图1.19所示的输出结果。

```
IDLE Shell 3.9.4                                    —    □    ×
File  Edit  Shell  Debug  Options  Window  Help
Python 3.9.4 (tags/v3.9.4:1f2e308, Apr  6 2021, 13:40:21) [MSC v.1928 64 bit (AM
D64)] on win32
Type "help", "copyright", "credits" or "license()" for more information.
>>> print('我爱python')
我爱python          输出结果
>>>
```

图1.19　**输出结果**

如果我们想要把代码放到一个可执行文件中运行，只需要新建一个txt文件，例如"test.txt"，将后缀改成.py，通过代码编辑器写入代码后便可在命令行中运行。这里推荐的编辑器是Visual Studio Code，它是一款轻量级的代码编辑器，在网上搜索即可下载。

在命令行中执行代码时，要保证所在文件夹路径正确。例如我们现在的电脑桌面上有一个hello.py文件，里面

零基础学Python编程一本通

的程序如下：

```
print('Hello World!')
```

那我们如何运行这个文件呢？我们可以同时按下Win+R键，打开运行界面，如图1.20所示。

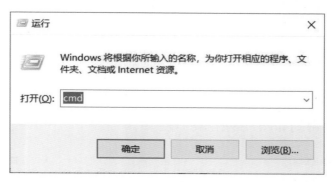

图1.20　运行界面

在"打开"栏中输入"cmd"，点击"确定"即可打开命令行，如图1.21所示。

图1.21　打开命令行

输入命令"cd desktop"即可打开桌面路径，随后输入
"python hello.py"即可运行Python程序，成功输出"Hello
World!"，如图1.22所示。

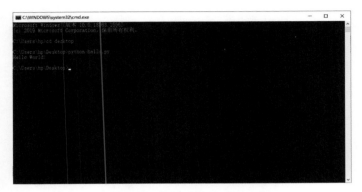

图1.22 **输出"Hello World!"**

小练习

1. 在IDLE Shell中输出自己的生日。

2. 创建一个Python文件。

3. 在命令行中运行上述写好的Python文件。

第 **2** 章

Python中的数学运算

Python中的加减乘除

2.1

在Python中，加法和减法运算与我们数学中的运算符号是一致的，分别为"+"和"－"；乘法和除法运算符号与数学中的略有不同，分别为"*"和"/"。对于计算的优先顺序，Python和数学中的完全一致。

打开IDLE，尝试输入下面这行代码：

```
print(2*32+2*(1+5))
```

输出结果为76。在这行语句中，"2*32+2*(1+5)"为我们的计算部分，print是一个函数，用来输出"2*32+2*(1+5)"的结果。在Python数学运算中，括号()的作用和数学课上所讲的一样。但是需注意，尝试这样输入语句：

```
2(32+5)
```

Python会出现图2.1所示的输出结果。这是一个报错信息，原因是Python进行运算的时候，不可以省略掉"*"符号。

```
>>> 2(32+5)
Traceback (most recent call last):
  File "<pyshell#1>", line 1, in <module>
    2(32+5)
TypeError: 'int' object is not callable
>>>
```

图2.1 **报错信息**

接下来尝试输入"1/0"，会出现如图2.2所示的结果。

```
>>> 1/0
Traceback (most recent call last):
  File "<pyshell#2>", line 1, in <module>
    1/0
ZeroDivisionError: division by zero
>>>
```

图2.2 输入"1/0"的结果

因为0不能作为分母，所以会出错。使用Python进行数学运算时注意不要忘记数学运算规则。

2.2 其他类型运算

2.2.1 幂运算

在Python中，我们也可以通过代码轻松地完成幂运算。

例如，输入代码"3**2"，其中"**"是运算符，"3"是底数，"2"是指数。即：

```
>>> 3**2
9
```

当然，当指数为小于1的数时，我们进行的就是开方运算。例如，输入代码"2**0.5"，运行之后的结果为$\sqrt{2}$

的小数结果。

我们也可以使用内置函数pow来完成幂运算。例如，pow(2，3)即2**3。

```
>>> pow(2,3)
8
```

2.2.2 整除和取余运算

运算符"//"表示整除运算，取整的方法为向下取整。运算符"%"表示取余数运算，得到除法的余数。

代码示例：

```
>>> 3//2
1
>>> 3%2
1
```

3//2 表示3除以2取整数的结果。IDLE输出结果为1。

3%2 表示3除以2取余数之后的结果。IDLE输出结果为1。

2.2.3 内置运算函数的使用

表2.1为常用的Python内置运算函数及其作用。

表2.1　常用运算函数

函数	作用
abs(a)	计算实数a的绝对值
pow(a，b)	计算实数a的b次幂
round(f，n)	计算浮点数f的n位四舍五入值
max(a，b，c，d，...)	求出a，b，c，d，...任意多个实数的最大值
min(a，b，c，d，...)	求出a，b，c，d，...任意多个实数的最小值

运算函数用法示例如图2.3所示。

图2.3　运算函数用法示例

2.2.4　复数运算

Python还可以进行复数的运算。复数的定义方法如下：

b = 1+2j

和数学中的复数定义方法一致。复数同样可以和实数一样进行运算。运算符使用规则和上一节介绍的完全一致。不过有所不同的是，复数有着不同于实数的属性。

输入以下代码：

```
>>> b = 1+2j
>>> b.real
1.0
>>> b.imag
2.0
>>> b.conjugate()
(1-2j)
```

第一行我们定义了一个复数b，real属性代表复数b的实部，imag属性代表虚部。b.conjugate()是一个函数的调用，可以获得复数b的共轭复数。

2.3 其他运算符

利用Python可以完成的运算远远不止于数学运算，Python还有很多其他种类的运算符。下面介绍常用的不同种类的运算符。

零基础学Python编程一本通

2.3.1　逻辑运算符

在学习逻辑运算符之前，我们先来学习一个必要的前导内容——关键字，即保留字，有自身的特殊含义，不可作为变量名使用，包括True、False和None。

False代表的含义是假，即错误的。

True代表的含义是真，即正确的。

None代表的含义是空。

理解了这三个关键字后，我们便可以开始逻辑运算符的学习了。注意，一般用数字1来代表True，用0来代表False。

Python的逻辑运算符有三个：and，or，not。

and运算符，翻译过来就是"与"，用法示例如下：

```
>>> a=False
>>> b=False
>>> a and b
False
>>> a=False
>>> b=True
>>> a and b
False
>>> a=True
```

```
>>> b=False
>>> a and b
False
>>> a=True
>>> b=True
>>> a and b
True
```

我们可以看出，只有当两个操作数都是"True"时，它们的and结果才是True，否则都是Flase。也就是说，当我们进行逻辑判断时，只有条件a和条件b均满足，and才会返回True。

or运算符，译为"或"，用法示例如下：

```
>>> a=False
>>> b=False
>>> a or b
False
>>> a=False
>>> b=True
>>> a or b
True
```

```
>>> a=True
>>> b=False
>>> a or b
True
>>> a=True
>>> b=True
>>> a or b
True
```

可以看出，只有a和b均为False时，or运算的结果才是False，即只有条件a和b都不满足时，or运算的返回值才是False。

not运算符，翻译过来就是"非"，在逻辑上非1即0，因此它的用法是这样的：

```
>>> not True
False
>>> not False
True
```

2.3.2　比较运算符

怎么使用Python对数字或其他变量进行比较呢？这时

就会用到比较运算符。比较运算符有六种：==、!=、>、<、<=、>=，它们的意思分别为"等于""不等于""大于""小于""小于等于""大于等于"。注意：当我们判断两数是否相等时，一定要用"=="而不是"="，因为"="在编程语言中是赋值的意思，即把右边的值赋给左边，而不是判断相等。

下面是比较运算符的一些用法示例：

```
>>> a=10
>>> b=10
>>> a==b
True
>>> a<b
False
>>> a>b
False
>>> a!=b
False
>>> a<=b
True
>>> a>=b
True
```

2.3.3 成员运算符

除了以上运算符之外，Python还有一些特有的运算符，例如成员运算符，可以对字符串、列表、元组进行操作。成员运算符只有in和not in两个，理解起来也相当轻松，例如a in b，当b中有a时，就会返回True。下面是成员运算符的一些用法示例：

```
>>> a=3
>>> b=7
>>> list=[1,3,5]
>>> tuple=(7,9,11)
>>> a in list
True
>>> b in list
False
>>> a not in tuple
True
>>> b not in tuple
False
```

小练习

1. 在网上找一段英文，写一个程序计算各个字母出现的次数。

2. 分析以下代码输出的结果：

```
if None:
    print("Hello")
```

3. 尝试用程序计算2*5/3+2的结果。

4. 分析以下程序的运行结果：

　① print(2+3/0)

　② print(2+3*6)

5. 使用Python计算3的6次幂。

6. 使用Python找出2，3，7，9，0 中的最大值。

7. 分析以下代码运行结果：

```
print((0 and 1) == (1<2))
```

8. 假设$Y=X^2$，使用Python计算出当$X=7$时Y的值。

第 **3** 章

Python中的数据类型

3.1 变量与常量

在编程中，我们会经常用到变量与常量。什么是变量与常量？顾名思义，变量就是可以变化的量，而常量则是不可变化的量。在Python中实际上并没有严格的"常量"一说，因此，我们在指定Python中的"常量"时，通常采用大写的方式来说明"这是一个常量"。

Python的一大特点是变量不需要声明。什么是声明呢？即指定变量的类型后才能赋值，这是C、Java等语言的基本操作，在Python中一切都是非常自由的，变量只有被赋值之后才会被创建，并且变量就是变量，它本身没有类型。这里所说的"类型"指的是变量所指内存中对象的类型，即数据类型。

在编程中使用"="为变量赋值，把等号右边的值赋给等号左边的变量。

Python还有一个特点，就是允许同时给多个变量赋值，用法示例如下：

```
>>> a,b,c=1,[0,2,3],"python"
>>> a
1
>>> b
```

```
[0, 2, 3]
>>> c
'python'
```

也允许同时给几个变量赋予相同的值，用法示例如下：

```
>>> a=b=c=1
>>> a
1
>>> b
1
>>> c
1
```

是不是非常神奇和方便呀！

3.2 数据类型

Python的数据类型分为基本数据类型和复合数据类型。基本数据类型包括数值、字符串；复合数据类型包括列表、元组、字典和集合。

下面让我们开启Python数据类型的学习之旅。

3.2.1　数值

（1）基本数值：类型

① 整型：没有小数点的数值类型；

② 浮点型：带有小数点的数值类型；

③ 科学计数法：数值E(e)整数，例如：100=1E2，0.01=0.1e−1。

```
#整型数值
print(1)
print(200)
print(8848)
print(2018)
print(2E3)    #科学计数法2000
print(3e-2)   #科学计数法0.03

#浮点型数值
print(1.2)
print(3.14)
print(1.5e-1)   #0.15
print(1.414)
print(1.732)
print(0.1E-5)   #科学计数法:0.1乘以10的-5次幂
```

（2）进制的表示及转化

① 不同进制的表示。

二进制：0bzz或者0Bzz，八进制：0ozz或0Ozz，十六进制：0xzz或0Xzz。这里zz表示任意位数，并不仅限于两位。

② 进制的转换。

十进制数转换成二进制字符串：bin(x)。

十进制数转换成八进制字符串：oct(x)。

十进制数转换成十六进制字符串：hex(x)。

示例：

```python
# 十进制转换成二进制
print("十进制10的二进制表示:", bin(10))
# 十进制转换成八进制
print("十进制100的八进制表示:", oct(100))
# 十进制转换成十六进制
print("十进制100的十六进制表示:", hex(100))
```

运行结果：

```
十进制10的二进制表示: 0b1010
十进制100的八进制表示: 0o144
十进制100的十六进制表示: 0x64
```

（3）算术运算

① 算术运算符在Python中的显示。

a.四则运算：+，－，*，/(算术除)，//(整除，下取整)。

b.乘方：**。

c.求余：%，a%b=((a/b) － (a//b))*b。

示例如下：

```
# 加法
print("1+1=",1+1)

#减法
print("10-5=", 10-5)
#
#乘法
print("1.2*5=", 1.2*5)
#
#算术除法
print("12/4=", 12/4)
#整除除法
print("5//2=", 5//2)

#取余
print("-1.2%5=", -1.2 % 5)  #((-1.2/5)-(-1.2//5))*5
print("-1.2%-0.5=", -1.2 % -0.5)   # ((-1.2/-0.5)-(-1.2//-0.5))*-0.5
```

② 括号与优先级。数值进行运算时，需要考虑运算的优先级。

对于数值运算，优先级顺序为：乘方＞乘除、取余＞加减＞移位＞位与＞位或、位异或，如图3.1所示。优先级相同的按照从左向右计算。

表3.1　算术运算符优先级列表

运算符	描述
**	指数最高
~, 正号, 负号	~按位求反
*, /, %, //	乘，算术除，取余，整除（下取整）
+, −	加减

续表

运算符	描述
>>, <<	右移（/2），左移（*2）
&	按位与
^, |	^按位求异或，|按位求或

括号可以改变运算顺序，有括号先算括号里面的，括号中的运算按照优先级计算。

3.2.2 字符串

（1）字符串字面值

① 定义：字符串字面值是由字符构成的一个序列，并视为一个整体。字符串中的字符可以是键盘上可以找到的字符（包括字母、数字、标点和空格）以及其他特殊字符（如换行、回车），查ASCII码表可以得到。

② Python程序中，字符串字面值可以使用单引号、双引号和三引号包围一个字符序列。区别如下：

a.单引号中可以使用双引号，中间的会当作字符串输出；

b.双引号中可以使用单引号，中间的会当作字符串输出；

c.三单引号和三双引号中间的字符串在输出时保持原来的格式。

示例如下：

```
#单引号包围字符串
print('the first road', '100')

#双引号包围字符串
print("John Doe")

#双引号中包含单引号
print("It's a cat")

#单引号中包含双引号
print('双引号"也是一种包围字符串的字符')
```

（2）转义字符

有些字符无法直接输出，可以通过转义字符实现。在字符串前加上r可以消除字符中的转义。

语法：r "带转义字符的字符串"。

常见转义字符及其描述如表3.2所示。

表3.2　常见转义字符列表

转义字符	描述	转义字符	描述
\ （在行尾时）	续行符	\n	换行
\\	反斜杠符号	\t	横向制表符
\'	单引号	\r	回车
\"	双引号	\f	换页

续表

转义字符	描述	转义字符	描述
\a	响铃	\000	空
\b	退格	\other	使字符按普通形式输出

示例如下：

```
#换行
print("欢迎来到\nPython少儿编程")
#横向制表符
print("欢迎来到\tPython少儿编程")
#纵向制表符
print("欢迎来到\000Python少儿编程")
#输出\
print("这是一个斜杠\\")
```

程序运行结果如下：

```
欢迎来到
Python少儿编程
欢迎来到    Python少儿编程
欢迎来到Python少儿编程
这是一个斜杠\
```

（3）字符串的切片和索引

获得字符串的子串或者寻找某个子串在字符串中的位置，称为求字符串的子串（切片）和索引。

① 子串（切片）：若str是一个字符串，则str[m：n]代

表了从第m个字符开始到第n－1个字符结束的所有字符，包括第n－1个字符。m称为前索引，n称为后索引。

② m不写默认是0，n不写默认是字符串的长度，两个都不写表示整个字符串。

③ str[m]索引第m个元素，从0开始。

正向切片示意如图3.1所示。

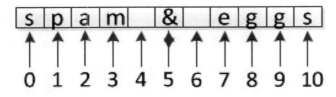

图3.1　正向切片示意

字符串字面值"spam & eggs"一共11个字符。

示例如下：

```
strVar = "spam & eggs"
# 单字符切片示例
# 索引一个字符
print("'spam & eggs'从0开始的第3个字符是:", strVar[3])

# 取一个子串
print("'spam & eggs'从第2个到第9个字符(不包含)的子串是:", strVar[2:9])

# 不写m和n表示整个字符串
print("'spam & eggs'所有字符是:", strVar[:])

# 后索引不写，表示是最后
print("'spam & eggs'从第2个字符开始: ", strVar[2:])

# 前索引不写表示是0
print("'spam & eggs'从0到第5个字符开始: ", strVar[:5])
```

运行结果如下：

> 'spam & eggs' 一共有 11个字符，序号从0到10。
> 'spam & eggs'从0开始的第3个字符是：m
> 'spam & eggs'从第2个到第9个字符(不包含)的子串是：am & eg
> 'spam & eggs'所有字符是：spam & eggs
> 'spam & eggs'从第2个字符开始： am & eggs
> 'spam & eggs'从0到第5个字符开始： spam

（4）字符串连接和重复

① 字符串连接。两个或多个字符串通过加号"+"连接起来组成一个新字符串，这个操作称为字符串连接。

② 字符串重复。一个字符串通过乘号"*"乘以一个数字n，可是实现字符串重复n次。

示例如下：

```
#将字符串连接起来
print("欢迎"+"大家"+"一起来学习")

#字符串重复
print("一起来"*3)
```

运行结果如下：

```
欢迎大家一起来学习
一起来一起来一起来

Process finished with exit code 0
```

（5）字符串格式化

字符串格式化即将不同类型数据按照一定格式格式化成字符串，格式化操作符为%。

语法："格式化符号序列"%对应数据，例如："%d"%10。

常用的格式化符号及其描述见表3.3。

表3.3　常用的格式化符号

符号	描述	符号	描述
%c	格式化字符及其ASCII码	%%	输入一个%号
%s	格式化字符串，可指定宽度	%f	格式化浮点数字，可指定精度
%d	格式化整数，可指定位宽	%e	用科学技术法表示浮点数，指数表示为e
%u	格式化无符号整数	%E	作用同%e，指数表示为E
%o	格式化为八进制数	%g	根据数值不同自动选择%f和%e
%x	格式化为十六进制数	%G	根据数值不同自动选择%f和%e

（6）常用字符串函数

Python为字符串内建了许多函数，可以实现字符串的相关操作。

① len(str)：求出字符串str的长度。

② str.find（'substr'，begin，end）：从左边begin开始到end为止，寻找第一次出现'substr'的位置。

③ str.rfind（'substr'）：从右边开始寻找第一次出现'substr'的位置。

④ str.join(sequence)：将多个字符串用str串接起来，sequence可以是字符串列表、元组、集合。

⑤ str.upper()：将字符串str中所有的字符都变成大写，但str本身不变。

⑥ str.lower()：将字符串str中所有的字符都变成小写，但str本身不变。

⑦ str.replace(old，new，[max])：将str中的old子串用new子串替代，max可选，表示替换次数不超过max次。

⑧ str.count（'substr'）：计算str中子串'substr'的个数。

⑨ str.split(delimiter)：使用分隔符delimiter分割str，返回分割子串构成的列表。

⑩ str.strip()和str.rstrip()：分别表示移除字符串前后所有的空白字符和字符串末尾的空白字符。

⑪ str.translate(transtable)：按照翻译表transtable替换str中的元素，可以同时多替换，效率高。

⑫ str.startswith(x)：判断字符串str是否以子串x开始，

是则返回True，否则返回False。

⑬ str.endswith(x)：判断字符串str是否以子串x结束，是则返回True，否则返回False。

⑭ int(x)：将一个字符串转变为一个整数。

⑮ float(x)：将一个字符串转变为一个浮点数。

⑯ eval(x)：将计算相应表达式x，得到合适的整型或浮点型。例如eval（"23+46.8"），结果是浮点数69.8。

⑰ str(x)：将数字转变为字符串，例如str(5.7)结果是字符串"5.7"。

3.2.3 列表

列表是Python中基本的数据结构之一，形如[item1，item2，item3]，列表中的元素可以是任何值。

创建一个列表，我们只需要把用逗号分隔的不同数据项用方括号括起来即可，例如：

```
>>> a=[1,'string',True]
>>> a
[1, 'string', True]
```

当已经存在一个列表，我们想找到其中某个特定元素的时候，与字符串类似，我们仍需提供一个从0开始的索引值。通过索引值，我们可以进行截取、组合等操作。例如：

```
>>> print(a[0])
1
>>> print(a[1])
string
>>> print(a[2])
True
```

索引还可以从尾部开始，最后一个元素的索引为
-1，例如：

```
>>> print(a[-1])
True
>>> print(a[-2])
string
>>> print(a[-3])
1
```

当我们想要访问列表中几个连续的元素时，可以通过方括号的形式截取，例如截取索引0~2（不包括2）的元素：

```
>>> print(a[0:2])
[1, 'string']
```

我们也可以对列表的元素进行更新，例如使用常见的append()函数，可以向列表中添加一个值。

```
>>> a.append('python!')
>>> a
[1, 'string', True, 'python!']
```

可以使用del语句删除列表中的元素，例如删掉索引为1的元素：

```
>>> del a[1]
>>> a
[1, True, 'python!']
```

关于列表的操作有很多，例如pop()函数可以删除列表的最后一个元素，reverse()函数可以使列表反向等。表3.4给出关于列表的常用函数。

表3.4 列表的常用函数

函数	作用
list.append(obj)	在列表末尾添加一个元素
list.count(obj)	统计某个元素在列表中出现的次数
list.extend(seq)	用新的列表拓展原来的列表
list.index(obj)	从列表中找到obj的第一个索引值
list.insert(index，obj)	把元素插入列表
list.pop([index=-1])	删除列表中的最后一个元素
list.remove(obj)	删除列表中某一个值的第一个匹配项
list.reverse()	使列表反向
list.sort()	对列表元素进行排序
list.clear()	清空列表
list.copy()	复制列表

3.2.4 元组

元组与列表类似，不同之处在于元组使用的是小括号

零基础学Python编程一本通

()，而不是方括号[]，并且元组的元素不可改变。例如：

```
>>> a=(1,'string',False)
>>> type(a)
<class 'tuple'>
```

元组的索引方式与列表相同，此处不再赘述。注意：当元组的元素只有一个时，需要在元素的后面添加逗号，否则括号会被当作运算符，例如：

```
>>> a=(1)
>>> type(a)
<class 'int'>
>>> b=(1,)
>>> type(b)
<class 'tuple'>
```

虽然元组的元素不可更改，但我们也可以对元组进行连接等操作，如：

```
>>> a=(1,2,3)
>>> b=('a','b','c')
>>> a+b
(1, 2, 3, 'a', 'b', 'c')
>>> a*3
(1, 2, 3, 1, 2, 3, 1, 2, 3)
```

我们也可以使用del语句来删除元组：

```
>>> a=(1, 2, 3)
>>> a
(1, 2, 3)
>>> del a
>>> a
Traceback (most recent call last):
  File "<stdin>", line 1, in <module>
NameError: name 'a' is not defined
```

（1）**元组索引**

定义：通过下标索引访问元组元素。

语法：tuple[i]和tuple[m：n]

（2）**修改元组**

定义：元组中的单个元素无法修改，但可以连接元组。

语法：tuple1+tuple2

（3）**删除元组**

定义：元组中的单个元素无法删除，但可以删除整个元组。

语法：del tuple1

（4）**元组的方法**

count()方法：统计元组中对象的个数。

index()方法：检索元组中元素首次出现的序号。

（5）**元组和列表的区别**

① 列表对象是可变的，但是元组对象不可变；

零基础学Python编程一本通

② 如果列表对象的元素是不可变对象，则元素内容不可变；

③ 如果元组对象的元素是可变对象，则元素内容可变。

3.2.5　字典

（1）字典的创建

① 字面值创建：{key1：value1，key2：value2，…，keyN：valueN}。

a.组成单位是键值对。

b.键必须是不可变对象（如字符串、数值或元组），但是值可以是任意的数据类型。

c.键必须是唯一的，值不必是，即键名不能重复。

② dict函数创建。也可以使用dict函数将一个有两个元素的列表或者两个元素的元组组成的列表转换为字典。

a.二元列表组成的列表。

list1 = [[key1，value1]，[key2，value2]，…，[keyN，valueN]]

dict(list1) 结果为

{key1：value1，key2：value2，…，keyN：valueN}

b.二元元组组成的列表。

1ist2=[(key1，value1)，(key2，value2)，…，(keyN，valueN)]

dict(list1) 结果为

{key1：value1，key2：value2，…，keyN：valueN}

示例如下：

```
#整数作为键名
dictVar = {1:"value1", 2:"value2"}
print("整数作为键名的字典：", dictVar)
#浮点数作为键名
dictVar = {1.0:"value1", 2.0:"value2"}
print("浮点数作为键名的字典：", dictVar)
#字符串作为键名
dictVar = {"key1":"value1", "key2":"value2"}
print("字符串作为键名的字典：", dictVar)
#元组作为键名
dictVar = {("tom", "Smith"):"value1", ("jim", "Brown"):"value2"}
print("元组作为键名的字典：", dictVar)
```

程序结果如下：

```
整数作为键名的字典： {1: 'value1', 2: 'value2'}
浮点数作为键名的字典： {1.0: 'value1', 2.0: 'value2'}
字符串作为键名的字典： {'key1': 'value1', 'key2': 'value2'}
元组作为键名的字典： {('tom', 'Smith'): 'value1', ('jim', 'Brown'): 'value2'}
小强：99
小强：99
d,h,2,5
```

（2）字典的基本操作

① 修改字典。向字典添加新的键值对，或者修改已有键值对。

② 删除字典元素。使用del dict["key"]删除字典元素。字典键必须是不可变对象，并且必须唯一。若重复，后边的相当于给前边的重新赋值。

零基础学Python编程一本通

③ len()方法。len()方法可以计算字典元素个数，即键的总数。

④ type()方法。type()方法返回输入参数的类型。

⑤ 字典推导。字典推导是基于序列快速创建字典。语法：{f1(x)：f2(x) for x in序列}。

（3）字典和列表的区别

字典索引值可以根据名字直接寻找名字对应的值，而列表需要先从名字列表中找到序号，然后再根据序号从值列表中找到值，列表越长速度越慢，而字典无论多大，效率都不会变慢。

字典是以空间换时间，查找和插入深度极快，不会随着key数量增加而变慢；需要占用大量内存，内存浪费多。

列表是以时间换空间，查找和插入时间随着元素增加而增加；占用空间小，浪费少。

3.2.6　集合

（1）集合的定义

集合的对象是一组无序排列的可哈希的值，集合成员可以作字典中的键。集合支持用in和not in操作符检查成员，由len()内建函数得到集合的基数(大小)，用for循环迭代集合的成员。但是因为集合本身是无序的，不可以为集

044

合创建索引或执行切片(slice)操作，也没有键(key)可用来获取集合中元素的值。

集合和字典一样，只是没有值，相当于字典的键集合，由于字典的键是不重复的，且字典是不可变对象，因此集合也有此特性。

（2）创建集合

s = set()

s = {11，22，33，44}

注意在创建空集合的时候只能使用s=set()，因为s={}创建的是空字典。

3.3 类型之间的转换

数据类型之间可以相互转换，表3.5是常见的转换函数。

表3.5　常见的转换函数

函数	作用
int(x [,base])	将x转换为一个整数
long(x [,base])	将x转换为一个长整数
float(x)	将x转换到一个浮点数
complex(real [,imag])	创建一个复数

续表

函数	作用
str(x)	将对象x转换为字符串
repr(x)	将对象x转换为表达式字符串
eval(str)	用来计算在字符串中的有效Python表达式，并返回一个对象
tuple(s)	将序列s转换为一个元组
list(s)	将序列s转换为一个列表
chr(x)	将一个整数转换为一个字符
unichr(x)	将一个整数转换为Unicode字符
ord(x)	将一个字符转换为它的整数值
hex(x)	将一个整数转换为一个十六进制字符串
oct(x)	将一个整数转换为一个八进制字符串

（1）列表转集合

列表数据类型转换成集合数据类型（去重）。

使用set()函数，示例如下：

```
#列表转集合(去重)
list1 = [5, 5, 6, 6, 7,  8, 9]

print(set(list1))

#结果: {5, 6, 7, 8, 9}
```

（2）列表转字典

列表数据类型转换成字典数据类型。

使用dict()函数与zip()函数，示例如下：

```python
#两个列表转字典
list1 = ['key1','key2','key3']
list2 = ['1','2','3']
print(dict(zip(list1,list2)))
# 结果: {'key1': '1', 'key2': '2', 'key3': '3'}
```

（3）嵌套列表转字典

嵌套列表数据类型转换成字典数据类型。

使用dict()函数，示例如下：

```python
# 嵌套列表转字典
list3 = [['key1','value1'],['key2','value2'],['key3','value3']]
print(dict(list3))
#结果: {'key1': 'value1', 'key2': 'value2', 'key3': 'value3'}
```

（4）列表、元组转字符串

列表、元组数据类型转换成字符串数据类型。

使用join()函数，示例如下：

```
# 列表、元组转字符串

list2 = ['a', 'b', 'b']

print(''.join(list2))

#结果: abb

tup1 = ('a', 'b', 'b')

print(''.join(tup1))

#结果: abb
```

（5）字符串数据类型的转换

字符串数据类型转换成列表、元组、集合、字典。

示例如下：

```
# 字符串转列表

s = 'aabb'

print(list(s))

# 结果: ['a', 'a', 'b', 'b']

# 字符串转元组

print(tuple(s))

# 结果: ('a', 'a', 'b', 'b')

# 字符串转集合

print(set(s))

#结果: {'a', 'b' }
```

```
#字符串转字典

s = "{'name':'Tom', 'age':18}"

dic2 = eval(s)

print(dic2)

#结果: {'name': 'Tom', 'age': 18}

a = '{"name":"Rose","age":19}'

print(eval(a))

#结果: {'name': 'Rose', 'age': 19}
```

小练习

1. 有如下值集合[1，2，3，4，5，6，7，8，9，10]，将所有大于6的值保存至字典的第一个key中，将不大于6的值保存至第二个key中。

▶ 扫码看视频 ◀

参考代码如下：

```
item =
[11,22,33,44,55,66,77,88,99,90]
item1=[]
item2=[]
items = {'k1':'',
'k2':''}
for i in item:
    if i<= 66:
        item1.append(i)
    else:
        item2.append(i)
        k1 ={'k1':item1}
        k2 ={'k2':item2}
print (k1,k2)
```

2. 输出科目列表，学生输入序号，显示学生选中的科目。

   科目subject=["yuwen", "shuxue", 'yingyu', 'wuli']

   参考代码如下：

```
for key,i in enumerate (subject,1):
print (key,i)
user = int(input("输入科目序号:"))
print (subject[user-1])
```

3. 查找列表中元素，移除每个元素的空格，并查找以 a或A开头并且以 c 结尾的所有元素。

   li = ["alec", " aric", "Alex", "Tony", "rain"]

   tu = ("alec", " aric", "Alex", "Tony", "rain")

   dic = {'k1': "alex", 'k2': 'aric', "k3": "Alex", "k4": "Tony"}

参考代码如下：

```
li = ["alec", " aric", "Alex", "Tony",
"rain"]
```

```
tu = ("alec", " aric", "Alex", "Tony",
"rain")
dic = {'k1': "alex", 'k2': ' aric',
"k3": "Alex", "k4": "Tony"}
for i in li:
    b=i.strip()
    if(b.startswith("a")or
b.startswith("A")and b.endswith("c")):
        print("li:"+b)
for i1 in tu:
    c=i1.strip()
    if(c.startswith("a")or
c.startswith("A")and c.endswith("c")):
        print("tu:"+c)
for i2 in dic:
    d=dic[i2].strip()
    if(d.startswith("a")or
d.startswith("A")and d.endswith("c")):
        print("dic:"+d)
```

零基础学Python编程一本通

4. 统计英文句子"I love python and I will master it."
   中各字符出现的次数。
   参考代码如下：

```
# 去空格，转化为 list，然后再转化为字典
str = 'I love python and I will
master it.'
list = []
list2 = []
dict={}
i= 0
for w in str:
    if w!=' ':
    list.append(w)
# 将 str 字符串的空格去掉放在 list 列表
for w in list:
    c = list.count(w)  # 用 count() 函
数返回当前字符的个数
    dict[w] = c # 针对字符 w，用 c 表示
其个数，存储在字典
print(dict)  # 输出字典
```

5. 输入一句英文句子，输出其中最长的单词及其长度。提示：可以使用split方法将英文句子中的单词分离出来存入列表后处理。

参考代码如下：

```
test0 = 'You know some birds are not
meant to be caged, ' \
     'their feathers are just too
bright.'
test1 = test0.replace(',','').re-
place('.','') #用空格代替句子中的空格
","和"."
test2 = test1.split () #将英文句子中
的单词分离出来存入列表
maxlen = max(len(word) for word in
test2) #找到最大长度的单词长度值
C=[word for word in test2 if
len(word)== maxlen] #找到最大长度的单
词对应单词
print("最长的单词是："{}" ，里面有 {}
个字母".format(C[0],maxlen))
```

第 **4** 章

输入输出与文件操作

让程序获取我们的输入

在前面的章节中，我们已经接触到了程序的输入输出，下面将进行详细的介绍。

（1）键盘的输入

Python为我们提供了一个内置函数，用来读入一行文本，这个函数就是我们熟悉的input()函数，它的默认输入设备就是键盘。

我们可以尝试使用它看看效果：

```
str = input("键盘输入：")
print("输入的内容：",str)
```

运行这两行代码，在终端输入随意的一串字符，我们可以看到程序成功地读取并输出了出来，如图4.1所示。

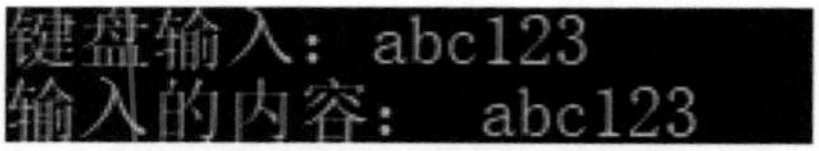

键盘输入：abc123
输入的内容： abc123

图4.1 **输入"abc123"并输出**

注意，input()函数获取的既然是"文本"，那也意味着它的类型是string类型，即字符串类型，那么当我们想要输入的是数字时，就需要使用强制类型转换函数，将input()函数获取到的文本强行转换为数字。例如，使用int(input())语句就可以将键盘获取的文本强行转化为int型整数。

我们可以利用交互式命令行来进行一些有趣的尝试。例如，我们不使用强制类型转换来转换我们的数字，将它们直接相加，会得到怎样的结果呢？

```
>>> a=input()
12
>>> b=input()
34
>>> a+b
'1234'
>>> type(a)
<class 'str'>
```

图4.2　不使用强制类型转换

如图4.2所示，我们看到，直接使用input()函数获取我们输入的两个数字：12和34，直接相加得到的会是1234，我们使用type()函数查看原因，会发现是因为程序将a和b两个变量作为两个字符串进行了相加，而不是数字之和。那么我们就要利用int()函数来让程序将我们输入的数字相加，如图4.3所示。

```
>>> a=int(input())
12
>>> b=int(input())
34
>>> a+b
46
>>> type(a)
<class 'int'>
```

图4.3　使用int()函数转换为数字

这样一来，程序就把a和b当作数字来进行操作了。

（2）文件的输入

我们能否对电脑文件中的内容进行操作呢？答案是肯定的。这时我们需要用到的函数是open()。这个函数会返回一个file对象，它的使用方法是open(filename， mode)，第一个参数是文件的名字，第二个参数是文件打开的模式，例如只读、写入等。第二个参数不是强制的，如果我们使用open()函数时不带mode参数，那么默认文件打开模式是"只读"。

那么我们现在可以尝试获取一个txt文件的内容。我们可以在程序文件的旁边新建一个txt文件，命名为file.txt即可，随后输入"python是一门简单易学的语言！"并保存。接下来我们尝试获取它的内容。

```python
# 打开一个文件
f = open("file.txt", "r")
str = f.read()
print(str)
# 关闭打开的文件
f.close()
```

执行上面的程序，我们会得到这样的结果：

```
Traceback (most recent call last):
  File "test.py", line 4, in <module>
    str = f.read()
UnicodeDecodeError: 'gbk' codec can't decode byte 0xaf in position 8: illegal multibyte sequence
```

这真是太尴尬了，我们会发现这是一个报错（以后恐怕会遇到更多的报错），这时我们不要慌张，修正错误正是编程的魅力所在。

我们会发现，报错信息是"illegal multibyte sequence"，即非法的多字节序列。这是什么意思呢？这说明我们的程序虽然知道这个文件不是空的，但是并不知道这个文件的编码方式是什么。我们打开file.txt文件，在右下角可以看到它的编码方式：

编码方式是常用的utf-8，因此我们只需要在代码中指定读取的文件的编码格式为utf-8，就可以正常地读出这行文本了！

```
# 打开一个文件
f = open("file.txt", "r",encoding="utf-8")
str = f.read()
print(str)
# 关闭打开的文件
f.close()
```

运行代码后，结果就会是这样。在下一节中，我们也会学到更多关于Python文件的操作。

4.2 Python操作文件

（1）open() 方法

Python open() 方法用于打开一个文件，并返回文件对象，在对文件进行处理时都需要使用到这个函数，如果文件无法被打开，会抛出OSError。

> **注意** 使用 open() 方法一定要保证关闭文件对象，即调用 close() 方法，做到"有始有终"。

open() 函数常用形式是接收两个参数：文件名(file)和模式(mode)。文件名用来让程序找到需要打开的文件，而模式则是打开文件的方式，比如只读取数据或者只向文件中插入数据。不同的模式对应不同的关键字。

```
open(file, mode='r')
```

这是我们使用open()函数的一般方式，实际上open()函数的参数有很多，完整使用方式如下：

```
open(file, mode='r', buffering=-1,
```

```
encoding=None, errors=None, newline=None,
closefd=True, opener=None)
```

参数说明:

- file: 必需,文件路径(相对或者绝对路径)。
- mode: 可选,文件打开模式。
- buffering: 设置缓冲。
- encoding: 一般使用utf-8。
- errors: 报错级别。
- newline: 区分换行符。
- closefd: 传入的file参数类型。
- opener: 设置自定义开启器,开启器的返回值必须是一个打开的文件描述符。

mode参数如下:

模式	描述
t	文本模式(默认)
x	写模式,新建一个文件,如果该文件已存在则会报错
b	二进制模式
+	打开一个文件进行更新(可读可写)

续表

模式	描述
r	以只读方式打开文件，文件的指针将会放在文件的开头，这是默认模式
rb	以二进制格式打开一个文件用于只读，文件指针将会放在文件的开头，这是默认模式，一般用于非文本文件，如图片等
r+	打开一个文件用于读写，文件指针将会放在文件的开头
rb+	以二进制格式打开一个文件用于读写，文件指针将会放在文件的开头，一般用于非文本文件，如图片等
w	打开一个文件只用于写入，如果该文件已存在，则打开文件，并从头开始编辑，即原有内容会被删除；如果该文件不存在，则创建新文件
wb	以二进制格式打开一个文件只用于写入，如果该文件已存在则打开文件，并从头开始编辑，即原有内容会被删除；如果该文件不存在，则创建新文件。一般用于非文本文件，如图片等
w+	打开一个文件用于读写，如果该文件已存在，则打开文件，并从头开始编辑，即原有内容会被删除；如果该文件不存在，则创建新文件
wb+	以二进制格式打开一个文件用于读写，如果该文件已存在，则打开文件，并从头开始编辑，即原有内容会被删除；如果该文件不存在，则创建新文件。一般用于非文本文件，如图片等
a	打开一个文件用于追加，如果该文件已存在，文件指针将会放在文件的结尾，也就是说，新的内容将会被写到已有内容之后；如果该文件不存在，则创建新文件进行写入
ab	以二进制格式打开一个文件用于追加，如果该文件已存在，文件指针将会放在文件的结尾，也就是说，新的内容将会被写到已有内容之后；如果该文件不存在，则创建新文件进行写入

续表

模式	描述
a+	打开一个文件用于读写，如果该文件已存在，文件指针将会放在文件的结尾，文件打开时会是追加模式；如果该文件不存在，则创建新文件用于读写
ab+	以二进制格式打开一个文件用于追加，如果该文件已存在，文件指针将会放在文件的结尾；如果该文件不存在，则创建新文件用于读写

默认的模式是文本模式。

（2）file对象

file对象由open()函数来创建，下面是file对象常用的一些操作函数：

函数	描述
file.close()	关闭文件，关闭后文件不能再进行读写操作
file.flush()	刷新文件内部缓冲，直接把内部缓冲区的数据立刻写入文件，而不是被动地等待输出缓冲区写入
file.fileno()	返回一个整型的文件描述符(file descriptor FD 整型)，可以用在如os模块的read方法等一些底层操作上
file.isatty()	如果文件连接到一个终端设备返回 True，否则返回 False
file.read([size])	从文件读取指定的字节数，如果未给定或为负则读取所有
file.readline([size])	读取整行，包括 "\n" 字符

续表

函数	描述
file.readlines([sizeint])	读取所有行并返回列表，若给定sizeint>0，返回总和大约为sizeint字节的行，实际读取值可能比sizeint 较大，因为需要填充缓冲区
file.seek(offset [，whence])	移动文件读取指针到指定位置
file.tell()	返回文件当前位置
file.truncate([size])	从文件的首行首字符开始截断，截断文件为size 个字符，无 size 表示从当前位置截断，后面的所有字符被删除，其中 Windows 系统下的换行代表2个字符
file.write(str)	将字符串写入文件，返回的是写入的字符长度
file.writelines (sequence)	向文件写入一个序列字符串列表，如果需要换行则要自己加入每行的换行符

小练习

1. 编写Python程序，用户输入两个整数，程序计算两个整数的和，并且将结果存入result.txt中。

▶ 扫码看视频 ◀

2. 在test.txt中输入一句英文 "For man is man and master of his fate."，编写程序删除文件中所有

的空格。

3. 创建一个文件hello.txt，编写程序将其改名为world.txt。

4. 编写程序，找到一个文件夹中所有长度超过5个字符的文件名。

5. 编写程序，删除一个文件夹下所有空文件。

第 **5** 章

条件与循环语句

5.1 条件语句

从本章开始，我们将学习编程中非常重要的一项：条件语句与循环语句。无论是在Python还是C、Java等其他语言中，都可以见到它们的身影。由于语法的不同，不同编程语言中条件语句的使用方式也不同。下面我们来开始Python语言中if条件语句的执行。

在Python中，if语句的一般形式是这样的：

```
if condition_1:
    statement_block_1
elif condition_2:
    statement_block_2
else:
    statement_block_3
```

如何理解上面的代码？我们知道，Python编译器会一行一行地执行我们的程序。那么我们一行一行地分析这段代码，就会发现，如果满足了条件condition_1，那么程序会执行statement_block_1所指代的语句；如果条件condition_1不满足，但condition_2条件满足，程序就不会执行statement_block_1而是执行statement_block_2；当两者都不满足时，也就是说所有的if和elif都不成立，那么就会执行else下的语句，也就是statement_block_3。当然，如果我们没有写else语句，程序就不会执行任何操作。

下面我们可以亲自动手，尝试写一个简单的条件判断语句吧！

我们可以尝试写这样一个程序，当输入一个数字后，程序会判断出我们输入的是奇数还是偶数。

```
print("请输入你想判断的数字：")
a=int(input())
if a%2 == 1:
    print("输入的数字是奇数！")
elif a%2 == 0:
    print("输入的数字是偶数！")
```

我们运行这段代码，会得到这样的结果：

```
请输入你想判断的数字：
5
输入的数字是奇数！
```

这样，一个简单的条件判断程序就完成了！

注意 ► 我们要使用缩进来划分语句块，缩进相同的语句在一起组成一个语句块。我们平时在写代码的过程中一般会使用Tab键来控制缩进，虽然也可以使用空格，但是大概没人愿意带着尺子读代码。

零基础学Python编程一本通

　　既然已经介绍了if语句的简单用法，那么它的一种常见用法我们就不得不提了，那就是嵌套语句。顾名思义，就是if里面再套一个或多个if语句。我们来尝试一个比较复杂的程序：输入一个数字，判断它是奇数还是偶数，如果是奇数，那么判断它是否是3的倍数；如果是偶数，那么判断它是否是4的倍数。

　　代码如下：

```python
print("请输入你想判断的数字：")
a=int(input())
if a%2 == 1:
    if a%3 == 0:
        print("输入的数字是奇数并且是3的倍数！")
    else:
        print("输入的数字是奇数但不是3的倍数！")
elif a%2 == 0:
    if a%4 == 0:
        print("输入的数字是偶数并且是4的倍数!")
    else:
        print("输入的数字是偶数但不是4的倍数!")
```

运行时我们随意输入一个数字进行判断：

```
请输入你想判断的数字：
147258369
输入的数字是奇数并且是3的倍数！
```

可以看到，程序成功地判断出了这个数字是奇数并且是3的倍数。

5.2 循环语句

Python中存在两种循环语句：while和for循环语句，它们分别有适合自己的应用场景。

（1）while循环语句

Python中while循环语句的一般形式是这样的：

```
while 判断条件：
    执行语句
```

它的意思是，当判断条件成立时，会执行while循环中的语句，直到条件不再成立，跳出循环，或者主动跳出循环。

接下来，我们使用while循环语句进行一个小小的练习：输出从1到10的所有整数。有的同学可能会这样写：

```
a=1
print(a)
b=2
print(b)
c=3
print(c)
......
```

这种方法确实可以成功地达到本练习要求的效果，但是如果将10改为10000甚至更多呢？显然这种方法就不可取了，因此，我们还是老老实实地使用while循环进行尝试：

```
a=1
while a <= 10:
    print(a)
    a = a+1
```

我们会发现这4行代码就成功地做到了这一点：

　　有时候，我们希望主动跳出某一个while循环，这时我们要用到的语句是break，使用break可以直接跳出循环。

　　承接上面的例子，这次我们不想输出到10了，而是输出到5就可以。但我们又不想修改while后面的条件 这时就可以使用break语句：

```
a=1
while a <= 10:
    print(a)
    if a == 5:
        break
    a = a+1
```

　　再次运行代码，就成功得到了我们想要的效果：

　　只是让命令行输出一串数字未免过于单调，我们可以试着使用while循环来进行一个"大项目"：计算从1到100的和。

　　恐怕这时还在尝试一行一行手动相加的同学就要打退堂鼓了，但是掌握了while循环的同学会成竹在胸，拿出下面的代码：

```
a=1
b=0
while a <= 100:
    b = b+a
    a = a+1
print(b)
```

我们惊奇地发现程序输出了数字"5050"，跟当年高斯废了好大力气算出的结果一模一样！这就是while循环的魅力所在，极大地节省了人力，把复杂的任务交给机器解决。

（2）for循环语句

介绍完while语句后，大家发现while语句虽然好用，但是它的执行次数会根据我们判断条件的不同而改变。那么有没有一种循环语句能运行指定的次数呢？答案是肯定的，那就是另一种常用的语句：for循环语句。

for循环语句可以遍历任何可迭代的对象，例如一个列表或者一个字符串。它的格式一般是这样：

```
for <variable> in <sequence>:
    <statements>
else:
    <statements>
```

例如，现在有一个列表，我们可以用for循环输出它的每一个元素：

```
animals = ["dog", "cat", "sheep", "bat"]
for i in animals:
    print(i)
```

运行上面的代码，我们会发现程序输出了列表"animals"中的所有元素：

这时有同学会质疑了："啊，老师你骗人，说好的可以指定次数呢？"不要着急，我们介绍for循环时说，它的语句遍历的是一个可迭代的对象，那么是不是只要有一个指定长度的数字序列，就可以让for循环运行指定的次数了呢？当然可以。这时，我们首先要了解一个重要的函数：range()函数。

range这个单词翻译成中文是"范围"的意思。在Python中，range()函数会生成一个数列，用法是这样的：

```
range(min,max,step_lenth)
```

min参数的意思是最小值，max参数的意思是最大值，step_lenth参数的意思是步长。当我们不写step_lenth参数时，默认步长就是1；不写min参数时，默认从0开始。

> **注意** range()函数返回的最大值并不包括max。

我们可以通过程序输出来直观地观察range()函数：

```
for i in range(2,10,2):
    print(i)
```

结果如图所示：

下面，我们就可以尝试用for循环来计算1到100的和了。代码可以这样来写：

```
a = 0
for i in range(101):
    a = a + i
print(a)
```

我们又得到了相同的结果：5050。实验成功！

（3）continue**语句**

在之前对while循环语句的介绍中，我们简略介绍了

break语句的用法，即跳出当前的循环。而循环中还有另外几种语句，例如continue语句。continue语句与break语句有一定的区别，当程序进行到continue语句时，会不执行剩下的语句，而是直接开始下次的循环。

举个例子，我们想输出数字1到10，但是不想输出"7"这个数字，那么我们是否要写两个循环来分别输出7前后的数字呢？答案是不需要。巧妙使用continue语句可以解决这个问题：

```
a=0
while a < 10:
    a = a+1
    if(a==7):
        continue
    print(a)
```

运行程序，我们发现成功地跳过了"7"这个数字：

这就是continue语句的一种简单用法。

（4）pass语句

Python中还有一种特殊的语句：pass语句。pass语句并不做任何实际性的操作，为了保持程序结构的完整性，通常被当作占位语句来使用。在以后进行各种项目的编写时，pass语句会发挥出它的作用。

小练习

1. 编写一个Python程序，输入一个年份，判断是否是闰年。

▶ 扫码看视频 ◀

2. 编写一个Python程序，输入一个数字，判断是正数、负数还是零。

3. 编写一个Python程序，计算从1000到9999的所有整数的和。

4. 编写一个Python程序，在命令行中不断地输出用户输入的字符，当用户按下"e"键的时候停止。

5. 使用for循环，在终端打印出一个九九乘法表。

6. 获得大奖小游戏：有1000人排成一队并从1到
   1000编号，淘汰掉编号是偶数的人，随后重新编
   号并继续淘汰，当只剩下一人时，这个人就获得
   最终的胜利。请编写程序，计算初始编号是多少
   的人获得了最后的胜利。

第 **6** 章

函数与库

6.1 函数的定义

经过前几章的学习，大家已经掌握了很多关于Python的基础知识。接下来我们将学习Python的函数，这也是我们提升项目开发能力的开始。函数是什么呢？函数是已经被我们实现的、可以重复使用的、可以用来实现单一或相关功能的代码段。例如，Python内置的函数Print()就实现了控制台打印这样的一个功能。

当然，我们也可以选择自己写一个函数，当成"传家宝"不断使用。

那么自定义函数应该如何编写呢？函数的定义需要遵循这些原则：

• 函数代码块的开头是def，后接函数名和圆括号()；

• 对函数的传入参数以及自变量需要放在圆括号中间；

• 函数的内容以"："为起始，并且要注意缩进；

• return表达式作为函数的结束，选择性地返回一个值给调用方。如果不带return语句，则默认返回None。

当我们在Python中定义函数时，一般的格式是这样的：

```
def 函数名（参数列表）：
    函数体
```

注意 在命名函数的时候，不能与已有的函数或关键字冲突，例如我们不能重新定义一个print()函数。

为了使自己写的函数更容易被读懂，我们通常会在函数名中表现出这个函数的功能，那么命名函数也成了我们必须掌握的技巧。一般来说，可以使用英文单词进行命名，单词之间使用下划线，例如print_hello()这样的形式，我们称这种命名方式为下划线命名法。除此之外，比较常用的还有驼峰命名法，将除首字母外的每个单词的第一个字母进行大写显示，例如printHello()这样的形式。

无论如何，我们命名函数时要以可读性作为前提，在编写函数的过程中也可以加入注释进行说明。当以后用到自己很久以前写过的函数时，你会感谢当初随手加了一行注释的自己。

6.2 编写一个简单的函数

上一节中我们介绍了函数定义的规则，但纸上得来终觉浅，我们现在可以尝试编写一个简单的函数：输入两个数字，输出两个数字中较大的数字。

如果不编写函数来实现，我们会发现这非常简单：

```
a=int(input())
b=int(input())
if a > b:
    print(a)
else:
    print(b)
```

那么如果定义函数来实现呢？

```
def find_max(x,y):
    if x > y:
        return x
    else:
        return y


a=int(input())
b=int(input())
print(find_max(a,b))
```

试分析以上代码，第一行我们先将函数命名为find_max()，括号内有两个参数x和y，这也就意味着我们在调用这个函数时需要给它传递两个变量。函数的功能段由一

个if条件语句构成，如果传递给函数的参数中x > y，那么函数的返回值就是x；反之则返回y。这样一个简单的寻找大数的函数就写好了！代码的最后一行就是调用我们刚刚写好的函数。尝试运行代码：

前两个数字是我们输入的数字，第三个数字就是程序返回的值，我们可以看到确实返回了两个数中较大的数。

既然提到了函数，那么我们不得不提到另一种函数：匿名函数。所谓匿名，就是不再使用def这样标准的语句来定义一个函数，而是使用lambda来创建匿名函数。它的语法只包含一条语句：

```
lambda [arg1 [,arg2,.....argn]]:expression
```

这条语句中，冒号前面是我们用到的变量，后面则是我们需要的返回值。例如，我们想要编写一个匿名函数来实现将参数都加上5，我们的写法将会变成这样：

```
x = lambda a: a+5
print(x(2))
```

通过控制台我们可以看到，返回了数字7。

Python模块以及一些系统内置函数

　　在之前的章节中，我们基本上都在一个文件内实现独立的功能，还没有尝试使用来自外界的函数。Python中提供了一个方法，就是把这些定义存放在文件中，给一些脚本或者交互式的编译器使用，这个文件被称为"模块"。

　　模块是一个包括所有用户定义的函数和变量的文件，它的后缀名也是.py。模块能够被别的程序引入，从而使用该模块内部的函数等。Python的标准库也是这么用的。

　　（1）import语句

　　想要使用Python的源文件，我们只需要在另一个源文件中执行import语句即可，语法是这样的：

```
import module1,module2,module3...
```

　　其中module就是各个源文件的文件名。

　　我们可以先创建一个源文件来存放已经写好的函数，假设我们想要设计一个与数学运算有关的库，就可以新建一个文件，命名为mymath.py。创建完成后，我们将之前写过的find_math()函数在该文件中定义一下并保存，就可以在其他文件中调用这个函数了。

　　假设已经创建好了这个文件，那么我们可以在相同目录下新建一个Python文件，尝试导入我们写好的源文件，

并且调用里面的函数：

```
import mymath
a=int(input())
b=int(input())
print(mymath.find_max(a,b))
```

输入两个数字后，结果如下：

```
10
20
20
```

说明我们的函数调用成功！

有些同学会发现，如果我们的源文件名太长，在代码中调用它的函数时还要再输入很多次源文件名，那么这显然非常折磨人！这时我们就可以用到import as语句来简化，例如：

```
import mymath as mm
a=int(input())
b=int(input())
print(mm.find_max(a,b))
```

通过这个实用的方法，我们可以大大减少在代码编写过程中的工作量，让编程的过程更加轻松。

在调用源文件的时候，我们会遇到各种奇奇怪怪的需求，比如我们不希望每次都调用整个源文件，而是只使用源文件中的某个函数，那该怎么办呢？答案是使用from import语句。比如我们只想使用mymath.py中的find_max()函数（默认mymath.py中还有其他函数），那么我们可以这样来写：

```
from mymath import find_max
a=int(input())
b=int(input())
print(find_max(a,b))
```

通过from import语句，我们可以直接将其他源文件中的函数或者变量导入并进行使用。

（2）系统内置的库与函数

Python内置了非常多的实用的库，例如time、os、math等，接下来我们介绍一些常用的内置函数。

① format()函数：一种格式化字符串的函数，可以通过{}和：来代替以前的%。format()函数可以接受不限个数的参数，位置也可以不按顺序来。

format()常常用来向输出的字符串中填入指定的元素。举一个例子，我们可以尝试在一句话中显示输入的数据以及较大的那个数：

```
a=int(input())
b=int(input())
if a > b:
    max = a
else:
    max = b
print("输入的第一个数是{x}，第二个数是{y}，
其中较大的数是{z}".format(x=a,y=b,z=max))
```

运行程序，输入两个数字看看结果：

```
23
45
输入的第一个数是23，第二个数是45，其中较大的数是45
```

我们看到程序成功地将数字嵌入到了输出的字符中！

② float()函数：用于将字符串转换成浮点数，如图所示：

```
>>> print(float(1))
1.0
>>> print(float('1.0'))
1.0
```

③ help()函数：用于查看函数或模块用途的详细说明：

```
help(help)
help(sys)
```

④ len()函数：返回对象（字符、列表、元组等）长度或元素个数，如图所示：

```
>>> a=str(123)
>>> len(a)
3
>>> b=[1,2,3,4]
>>> len(b)
4
>>> c=(1,2,3,4,5)
>>> len(c)
5
```

⑤ list()函数：用于将元组转换为列表（列表与元组非常相似，但元组的元素不可改变，元组在圆括号中，列表在方括号中），如图所示：

```
>>> a=(1,2,3)
>>> list(a)
[1, 2, 3]
```

⑥ pow()函数：可以通过导入math模块使用，用途是计算x的y次方：

```
import math
print(math.pow(2,10))
```

这段代码就可以算出2的10次方，也就是10个2相乘，输出结果是1024。

⑦ randint()函数：输出一个指定范围内的整数，需要导入random库。

```
import random
print(random.randint(0,9))
```

这段代码可以生成一个0到9的随机数，每次运行时结果都会不同。

 第三方库的下载与使用

pip是Python的包管理工具，提供了对Python包的查找、下载、安装、卸载的功能。我们的Python中已经内置了pip。

我们可以按下键盘上的Win+R键，输入"cmd"，进入命令行，使用pip –version查看我们是否成功安装了pip。

```
C:\Users\hp\Desktop>pip --version
pip 21.0.1 from d:\program files\python38\lib\site-packages\pip-21.0.1-py3.8.egg\pip (python 3.8)
```

可以看到电脑上已经有了21.0.1版本的pip。

pip的删除命令：pip uninstall 包名。

例如我们要删除numpy包：

```
C:\Users\hp\Desktop>pip uninstall numpy
Found existing installation: numpy 1.19.5
Uninstalling numpy-1.19.5:
  Would remove:
    d:\program files\python38\lib\site-packages\numpy-1.19.5.dist-info\*
    d:\program files\python38\lib\site-packages\numpy\*
    d:\program files\python38\scripts\f2py.exe
Proceed (y/n)? y
  Successfully uninstalled numpy-1.19.5
```

然后想再下载回来。pip的下载命令：pip install
包名。

可以看到我们成功安装了numpy包，这时我们就可以
使用这个包中的函数了。如果下载失败或者下载太慢，我
们可以把pip默认的下载源换成清华大学提供的源，就可以
顺利下载了。命令行中切换默认源的命令如下：

```
pip config set global.index-url https://
pypi.tuna.tsinghua.edu.cn/simple
```

我们可以在Python的网站上找到很多有趣的第三方
库，尝试着去探索一下吧！

 小练习

1. 编写一个函数，计算$Y=X_2$，（X为变量）时Y的值。

2. 不使用内置函数找出10、12、17、19、100这5个数中的最大值。

▶ 扫码看视频 ◀

3. 编写一个函数，求出输入整数的2倍。

4. 编写一个函数，去除数组中的重复值。

5. 编写一个函数，实现对一个浮点数保留任意位小数。

6. 使用for循环计算任意正整数的阶乘（若一个正整数为3，那么3的阶乘为1×2×3=6）。

第 **7** 章

Python的OS

7.1 什么是OS模块

OS，即Operate System（操作系统）。OS模块是Python提供的对操作系统中的文件、文件夹进行操作的功能模块，OS模块的学习主要以函数学习为主。通过OS模块，我们可以使用Python操作系统中的各种东西。

> **注意** OS模块并不是Python启动就加载的模块，学习OS必须导入OS模块才可以使用。

例如，使用import方法导入：

```
import os
```

想要了解OS中到底有什么东西，我们可以使用help查看模块信息：

```
help(os)
```

得到的运行结果就是OS模块中的所有成员以及方法的相关信息。

路径介绍与OS中常用的值

7.2.1　OS中的路径介绍

　　路径是计算机中指向文件或某些内容的文本标识，其主要作用是便于寻找所需要的文件。路径常以盘符开头，例如"C：\""D：\"等，用斜杠"\"或"/"分隔每一个区间，斜杠后面是前面的子项。

　　路径分为绝对路径与相对路径。绝对路径以盘符开头，是一种完整描述路径的表示方式，即从最开始的盘符到最后的文件完完整整地写出来。例如：

```
C:/window/Program Files
```

　　我们可以尝试右键打开一个文件，在"属性"一栏就可以看到文件的绝对路径。

　　相对路径一般使用.或者..开头(相对路径中用.表示当前文件夹)，例如：

```
./Program Files/biancheng.txt
../abc/efg/hij
```

　　因此，判断一个路径是绝对路径还是相对路径，只需要看开头即可。盘符开头即为绝对路径，否则为相对路径。

零基础学Python编程一本通

7.2.2　OS中常用值的获取

了解了OS模块的主要作用，我们首先需要学习通过OS模块获取一些常用值。

① curdir：获取当前的路径，是一个值，使用时直接打印即可。例如：

```
print(os.curdir)
```

运行代码得到的结果：

```
.        # 注意，这里的 . 有它的特殊意义，表示当
前文件夹。
```

② pardir：获取上层文件夹。例如：

```
print(os.pardir)
```

运行代码得到的结果：

```
..              # 表示上一层文件夹
```

③ path：OS模块中的子模块，内容非常多。我们可以将它的内容打印出来：

```
print(os.path)
```

在后续小节的学习中我们会具体介绍path模块。

④ name：获取系统的标识符号。例如，当我们写了一段Python代码并且运行了，但想知道这个Python代码到

底是在Windows平台还是其他平台运行的，我们可以通过下列代码得知：

```
print(os.name)
# 在 windows 操作系统下，输出结果为 nt
# 在 linux 或者 unix 系统下，输出结果为 posix
```

⑤ sep：获取当前系统的路径分割符号，例如：

```
print(os.sep)
# 在 windows 操作系统下，输出结果为 \
# 在 linux 或者 unix 操作系统下，输出结果为 /
```

⑥ extsep：获取文件名称与文件后缀名称之间的分隔符：

```
print(os.extsep)
# 所有操作系统下得到的输出结果都是 .
```

7.3 OS模块常用方法

接下来将介绍一些OS模块中常用的操作函数，它们大多是执行过程相关的方法，故返回值为空。

① getcwd()：用来获取当前工作路径，返回值为当前

工作路径的地址字符串。语法如下：

```
os.getcwd()
# 当前工作路径是指操作文件或者文件夹等信息的默认
查找使用的文件夹
```

② chdir()：修改当前工作路径，返回值为空。语法如下：

```
os.chdir(path)
# path 为要设置的工作路径
```

③ listdir()：获取指定文件夹中所有内容的信息组成的列表，返回的是一个存放所有内容名称的列表。语法如下：

```
os.listdir(path)
# path 为要查询的工作路径
```

④ mkdir()：用来创建一个文件夹，返回值为空。语法如下：

```
os.mkdir(path)
# path 为创建文件夹路径
```

⑤ makedirs()：递归创建文件夹，返回为空。语法如下：

```
os.makedirs(path)
# path 为创建文件夹路径
```

⑥ rmdir()：用来删除空文件夹，返回值为空。需要特别注意的是，进行删除操作的文件夹必须为空。语法如下：

```
os.rmdir(path)
# path 为所要删除文件夹的路径
```

⑦ removedirs()：递归删除空文件夹，返回值为空。进行删除操作的文件夹同样需要为空。语法如下：

```
os.removedirs(path)
# path 为所要递归删除文件夹的路径
```

⑧ rename()：修改文件或者文件夹的名称，返回值为空。语法如下：

```
xxxxxxxxxx os.rename('src','dst')
# src 为来源路径，即修改前的文件或者文件夹路径
# dst 为目标路径，即修改后的文件或者文件夹路径
```

⑨ stat()：获取文件或者文件夹的状态信息，返回值为容器数据，保存着很多的文件夹和文件信息。语法如下：

```
os.stat(path)
# path 为所要查询的文件或者文件夹路径
```

⑩ system()：用来执行操作系统的命令，返回值为空。语法如下：

```
os.system('command')
# command 为系统命令
```

 7.4 **OS中path子模块详解**

OS的path子模块主要用于路径相关的操作，我们只需要熟悉一些常用的操作方法。

① abspath()：将相对路径转换为绝对路径，返回值为一个绝对路径。语法如下：

```
os.path.abspath(path)
# path 为要转换的相对路径
```

② basename()：获取路径的主体部分，返回值为路径的主体部分。语法如下：

```
os.path.basename(path)
# path 为所要获取主体部分的路径
```

③ dirname()：获取路径的路径部分，返回值为路径的路径部分。语法如下：

```
os.path.dirname(path)
# path 为所要获取路径部分的路径
```

④ join()：将两个路径合并到一起，返回值为组合之后的路径信息。语法如下：

```
os.path.join(path1,path2)
# path1 为路径 1，path2 为路径 2
```

⑤ split()：直接将路径拆分为路径部分和主体部分组成的元组，返回值为主体和路径组成的元组。语法如下：

```
os.path.split(path)
# path 为所要拆分文件路径
# 返回值主体部分即文件名，路径为文件所在路径
```

⑥ splitext()：将路径拆分为文件后缀和其他部分，返回值为后缀信息和其他信息组成的元组。语法如下：

```
os.path.splitext(path)
# path 为所要拆分文件路径
```

⑦ getsize()：用于获取文件的大小，返回值为文件大小(单位为字节)。语法如下：

```
os.path.getsize(path)
# path 为所查询文件路径
```

⑧ isdir()：检测指定路径是否是一个文件夹，返回值为布尔值。语法如下：

```
os.path.isdir(path)
# path 为所要检测文件路径
# 指定路径为一个文件夹时，返回值为 True，否则为
False
```

⑨ isfile()：检测指定路径是否指向一个文件，返回值为布尔值。语法如下：

```
os.path.isfile(path)
# path 为所要检测文件路径
#  指定路径为一个文件时，返回值为 True，否则为
False
```

⑩ getctime()：获取文件创建时间，返回值为创建文件的时间戳。语法如下：

```
os.path.getctime(path)
# path 为所查询的文件路径
```

⑪ getmtime()：获取文件修改时间，返回值为修改文

件的时间戳。语法如下：

```
os.path.getmtime(path)
# path 为所查询的文件路径
```

⑫ getatime()：获取文件访问时间，返回值为最后一次访问文件的时间戳。语法如下：

```
os.path.getatime(path)
# path 为所查询的文件路径
```

⑬ exists()：检测指定路径是否真的存在，返回值为一个布尔值。语法如下：

```
os.path.exists(path)
# path 为所要检测路径
# path 真的存在时，返回值为 True，否则为 False
```

⑭ isabs()：检测路径是否是一个绝对路径，返回值为一个布尔值。语法如下：

```
os.path.isabs(path)
# path 为所要检测路径
# path 为绝对路径时，返回值为 True，否则为 False
```

⑮ samefile()：检测两个路径是否指向同一个文件或者文件夹，返回值为一个布尔值。语法如下：

```
os.path.samefile(path1,path2)
# path1 为路径 1, path2 为路径 2
# 当 path1 与 path2 指向同一个文件或者文件夹时,
返回值为 True, 否则为 False
```

 小练习

1. 请利用Python的OS库来获取文件
   夹大小。

   ▶ 扫码看视频 ◀

   参考代码:

```
import os
path=input('请输入要查询文件的绝对路径')
# 定义函数
def foldersize(path):
    # 获取文件夹内所有文件名称
    listdirs=os.listdir(path)
    # 打印文件夹下文件数量
    print(f'{path} 中文件数量为:
{len(listdirs)}')
    # 打印文件夹内所有文件的名称
```

```
    for listdir in listdirs:
        print(str(listdir))
    print()

    big=0
    for listdir in listdirs:
        # 判断是不是文件夹
        if not (os.path.isfile
(f'{path}\{listdir}')):
            print()
            print(f'文件夹名{listdir}')
            # 再次调用查看文件夹大小函数并
叠加大小
            big += foldersize(f'{path}
\\{listdir}')
            print()
        else:
            # 获得文件大小
            size=os.path.getsize
```

```
(f'{path}\{listdir}')
            # 打印文件名称和对应的文件大小
            print(f' 文件名：{listdir},
文件大小 {size}')
            big += size

    print(f' 文件夹大小为 {big}')
     return big

foldersize(path)
```

2. 获取指定文件所在目录的上一级目录。

参考代码：

```
path = os.path.dirname(r' 文件所在路径
名 ')
name = os.path.dirname(path)
print(name)
```

3. 定义一个传入两个参数的函数，第一个参数是源
   文件的位置，第二个参数是目标位置，将源文件
   复制到目标位置并且判断一下这个文件之前是否
   存在。

   参考代码：

```
def copy(path1,path2):
    filename = os.path.basename
(path1)
    if os.path.isfile(path1) and
os.path.isdir(path2):
        path2 = os.path.
join(path2,filename)
        if os.path.exists(path2):
print('此文件已存在')
        with open(path1,'rb')
as f1,open(os.path.
join(path2,filename),'wb') as f2:
            content = f1.read()
            f2.write(content)
```

4. 利用Python的OS库来计算指定文件的大小。

参考代码：

```
import os
path=input(' 请输入要查询文件的绝对路
径 ')
# 定义函数
def foldersize(path):
    # 获取文件夹内所有文件名称
    listdirs=os.listdir(path)
    # 打印文件夹下文件数量
    print(f'{path} 中文件数量为:
{len(listdirs)}')
    # 打印文件夹内所有文件的名称
    for listdir in listdirs:
        print(str(listdir))
    print()

    big=0
    for listdir in listdirs:
```

```
                # 判断是不是文件夹
        if not (os.path.
isfile(f'{path}\{listdir}')):
                print()
                print(f' 文件夹名 {list-
dir}')
                # 再次调用查看文件夹大小函数并
叠加大小
                big += foldersize(f'{path
}\\{listdir}')
                print()
        else:
                # 获得文件大小
                size=os.path.
getsize(f'{path}\{listdir}')
                #打印文件名称和对应的文件大小
                print(f' 文件名：{listdir},
文件大小 {size}')
                big += size
```

```
    print(f' 文件夹大小为 {big}')
return big

foldersize(path)
```

第 8 章

Python的命名空间与生命周期

8.1 命名空间

什么是命名空间？我们先来看看Python官方文档中的一句话：

A namespace is a mapping from names to objects. Most namespaces are currently implemented as Python dictionaries。

它是名称到对象的映射，大部分的命名空间都是通过Python中的字典来访问的。各个命名空间都是独立的，在一个命名空间中不允许重名，但可以与其他命名空间的对象重名。

拿我们手里的计算机举个例子，我们在一个相同的文件夹下不可能创建两个完全相同的文件，但我们在不同的文件夹中可以有相同的文件。

一般来说，命名空间有三种。

① **内置名称**：例如函数名char、异常名称等。

② **全局名称**：模块中定义的名称，记录了模块的变量，包括函数、类、其他模块。

③ **局部名称**：函数中定义的名称。

当我们要使用一个变量时，Python会按照局部→全局→内置的顺序进行查找，当找不到时就会报错并且放弃查找。

（1）全局变量和局部变量

定义在函数内部的变量拥有局部作用域，只能在被定义的函数内部使用，下面是代码示例：

```
a=100  # 这是一个局部变量
def add(x,y):
    a=x+y
    print(" 函数内部的 a: ",a)
add(10,20)
print(" 函数外部的 a: ",a)
```

运行代码，得到这样的结果：

```
函数内部的a:  30
函数外部的a:  100
```

（2）global 和 nonlocal关键字

当我们在内部作用域想要修改外部作用域的变量时，就要用到global和nonlocal关键字了。例如上面一段代码，函数add()并没有改变局部变量a的值，这时我们只需要使用global即可：

```
a=100  # 这是一个局部变量
def add(x,y):
    global a
    a=x+y
```

```
    print(" 函数内部的 a: ",a)
add(10,20)
print(" 函数外部的 a: ",a)
```

运行代码，得到这样的结果：

```
函数内部的a:    30
函数外部的a:    30
```

仅仅添加了一行代码，我们便成功修改了全局变量。

当作用域是嵌套的时候，我们就需要用到nonlocal关键字了，代码示例如下：

```
def test():
    a=100
    print("test() 中 a 的值: ",a)
    def inner():
        nonlocal a
        a=200
        print("inner() 中 a 的值: ",a)
    inner()
    print("inner() 执行后 a 的值: ",a)
test()
```

运行结果：

```
test()中a的值： 100
inner()中a的值： 200
inner()执行后a的值： 200
```

 8.2 生命周期

命名空间的生命周期取决于对象的作用域，当对象执行完成后，命名空间的生命周期也结束了。这就意味着，我们不能从外部的命名空间访问内部命名空间的对象。

 小练习

1. 冒泡排序（Bubble Sort）是一种简单直观的排序算法。它重复地走访要排序的数列，一次比较两个元素，如果它们的顺序错误就把它们交换过来。走访数列的工作是重复地进行直到不再需要交换，此时该数列已经排序完成。这个算法的名字由来是因为越小的元素会经由交换慢慢"浮"到数列的顶端。

编写程序，实现冒泡排序算法并排序列表[3，80，89，62，13，97，3，77，82，99]。

2. 将上题中排序好的数据存入result.txt文件中，并且只保留数字部分。

3. 斐波那契数列在数学上用途广泛，编写程序，计算斐波那契数列的前100位并存入txt文件中。

4. 使用turtle库，在屏幕上画出一个圆形。

5. 使用PIL包中的image库，编写程序实现将一张图片对半裁剪。

6. 使用pygame库，实现一个简单的贪吃蛇小游戏。

第 **9** 章

Python五子棋项目实例

经过前面的学习，大家对Python语言已经有了基本的了解。那么在这一章里，我们将会利用Pygame的用户可视化界面来编写一款经典的小游戏：五子棋。我们现在就开始吧！

 程序分析

在开始编程之前，我们首先应该想清楚如何做出想要的效果，从而避免南辕北辙的状况，所以我们需要进行一些准备工作。

我们需要的元素有哪些？大家一定都玩过五子棋，那么在开始游戏之前需要什么呢？显然，我们需要一个五子棋棋盘以及足够数量的棋子，这是我们开始进行游戏最基础的物质条件。

接下来，就要为我们的游戏制定规则了。五子棋的规则很简单，棋子要下在棋盘上线段的交点上，黑棋先下，黑白两方交替落子，直到有一方将五个连续的己方棋子连成一条线，就算获得游戏胜利，如图9.1所示。

图9.1中的五个黑棋在左上角成功地连成了一条线，黑棋获胜！

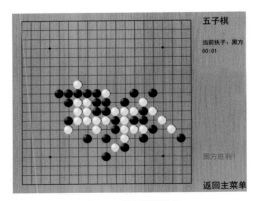

图9.1　**五子棋游戏**

9.2　第一步——新建文件夹

首先，我们在电脑桌面上新建一个文件夹用来存放我们的代码和资源，就叫"五子棋"吧！接着，我们在该文件夹中先新建三个Python文件，分别叫"chess.py""game.py""五子棋.py"，如图9.2所示。

图9.2　**新建三个Python文件**

这三个Python文件将用来保存我们的代码。"chess.py"用于保存我们的棋子类，"game.py"用于编写程序的逻辑，"五子棋.py"则是启动五子棋小游戏的程序。

接下来，我们在"五子棋"这个文件夹中再新建一个"resource"文件夹，用来保存我们的图片、音频等资源。这些资源可以扫本书配套的二维码下载，包括一个18×18的棋盘图片、棋子图片、背景音乐以及落子音效。下载完成后将这些资源放在"resource"文件夹中即可。

以上操作完成后，我们的准备工作就完成了。接下来，让我们走进编程的世界，实现我们的五子棋小游戏吧！

9.3 chess.py中的棋子类

在游戏进行的过程中，我们需要不断地在棋盘上落子来互相博弈。因此，我们有必要创建一个"类"，用来保存棋子的各种参数。

首先，我们在chess.py中导入pygame库，准备为棋子创建一个精灵组：

```
1   # -*- coding:utf-8 -*-
2   import pygame
```

接下来，我们定义一个名为"Chess"的类：

```
3  class Chess(pygame.sprite.Sprite):#设置棋子精灵的基类
```

类有一个名为 __init__() 的特殊方法（构造方法），该方法在类实例化时会自动调用。我们希望黑棋与白棋都使用这些属性。那么程序需要获取棋子的哪些属性呢？

我们在下五子棋时，将五子棋下在棋盘上直线的交点上，这些棋子就有了它们自己在棋盘上的"位置"。我们在进行落子的判定以及胜负的判定时，需要根据这些位置进行判断。因此，我们应该给棋子设置"位置"参数。

接着考虑到我们在程序中实际上是用一张一张的图片来代替棋子，那么我们的棋子应该还有一个属性——"大小"。我们需要将图片的大小设置成我们需要的大小，可以用"宽度"和"高度"这两个属性来表示。最后，我们需要知道图片文件的位置，所以棋子还要有"文件"这样一个属性。

```
4      def __init__(self, pos, w, h, image_file):
5          pygame.sprite.Sprite.__init__(self)
6          self.pos = pos                          #position（位置）
7          self.width = int(w)                     #宽度
8          self.heigh = int(h)                     #高度
9          self.image = pygame.transform.scale(pygame.image.load(image_file).convert_alpha(), \
10         (self.width, self.heigh)).convert_alpha()
11         self.rect = self.image.get_rect()       #获取image大小
12         self.rect.center = (pos[0]*32, pos[1]*32)  #确定棋子中心坐标
```

我们可以看到我们需要的参数由pos、w、h、image_file组成，这些参数就代表了我们棋子精灵的所有属性。

在第6、7、8行，我们分别定义了棋子的位置、宽度与高度。

在第9、10行，我们应用了一个pygame的函数：pygame.transform.scale()，这个函数的具体用法可以在我们的附录中查看。它在这里的作用是获取图片的路径并转化为相应的分辨率。convert_alpha()函数的作用则是保留图片的透明度，毕竟我们不希望棋子图片放在棋盘上时自带底色。

在最后一行，我们获取了棋子的中心坐标，用以代替棋子在棋盘上的位置，从而方便我们最后对结果的判断。

至此，我们的chess.py就写好了。这个Python文件虽然只有12行，但它定义的棋子类是我们在进行主要的游戏函数编写时必不可少的内容。接下来，我们开始编写让游戏能够顺利进行下去的文件game.py。

9.4 game.py中的游戏逻辑

在游戏的过程中，我们需要pygame库中的各种函数。

在导入各种游戏资源时，我们需要知道它们存储在哪里，通过资源路径把图片、音效导入到游戏中，所以我们还需要OS库。

在游戏进行时，我们可以添加一个计时的功能，因此需要导入time库。

为了方便起见，我们将游戏路径等常量放在"五子棋.py"中，在使用这些常量的时候需要从"五子棋.py"中导入这些路径（resource_folder）。

最后，导入我们之前写的棋子类：

```
1   # -*- coding:utf-8 -*-
2   import pygame
3   import os
4   import time
5   from pygame.locals import *
6   from 五子棋 import resource_folder
7   import chess
```

导入第三方库和外部文件之后，我们开始编写游戏类：

```
8   class Game():#游戏的主函数
```

在实例化游戏时（假设游戏逻辑已经写好），站在电脑这个机器的角度考虑，需要什么呢？就好比我们经过了一学期的学习，掌握了各种解题方法，怎么检验我们的成果呢？我们需要试卷、纸、笔这些资源，最后由评分老师为我们打出分数。因此，我们需要获得试卷——电脑屏幕、考试时间——时钟，还有试卷上的题目——资源。所以，我们在init函数中，就要获得这些资源。

```
9    def __init__(self, screen, clock, resource_folder):
10       self.screen = screen
11       self.clock = clock
12       self.running = True
13       self.resource_folder = resource_folder
```

这时细心的同学就会问了：screen是屏幕，clock是时钟，resource_folder是文件资源，那running=True是什么意思？实际上，这个语句用来判断游戏主函数是否应该进行。为什么应该判断主函数是否应该进行呢？对于五子棋小游戏来说，我们实现的只是一个可以往上面下棋的棋盘，包括了计时、判断输赢等功能。但如果我们为它设计一个菜单（人机对战、双人对战等模式的选择），当点击某种模式再开始进行游戏时，我们的主函数就不能始终运行了。不然你会发现，当你点击"人机对战"的按钮时，你的程序在按钮上下了一颗棋子。因此这个参数虽然在这里有冗余之嫌，但是为了养成工程意识，还是保留这个参数较好。

接下来我们需要能看到棋盘，所以在这里加载出来背景图片：

```
14    #背景图片
15    self.background=pygame.image.load(os.path.join(resource_folder,'background1.jpg'))
```

这里使用了pygame.image.load()函数，作用是从文件的路径加载一张图片。在这里我们加载resource文件夹中的"background1.jpg"，这是我们已经设计好的棋盘。

有了棋盘，我们还要有两个装满棋子的"盒子"，在这里我们用棋子组来作为我们的"盒子"：

```
16    #棋子组
17    self.black_chess_group = pygame.sprite.Group()
18    self.white_chess_group = pygame.sprite.Group()
```

我们为黑棋和白棋各自创建一个精灵组，这也很容易理解，这样我们就拥有了两个盒子，一个装满了黑子，一个装满了白子（当然棋子的数量是无限的）。

按照五子棋的规则，应该是黑棋先下，所以默认起始回合是黑子的回合。游戏的回合应该是黑棋→白棋→黑棋→白棋……

```
19    #谁的回合
20    self.round = 'black'
```

游戏开始时，胜利者暂时不确定，所以这时我们给"winner"的值是空值。

```
21    self.winner = ''
```

为了让玩家意识到我们在下五子棋而不是围棋，我们设计的棋盘右上角要显示我们的游戏标题"五子棋"：

```
22    #标签
23    self.lable1 = pygame.font.SysFont('SimHei', int(30)).render(('五子棋'),True,(0,0,0))
```

在游戏进行的过程中，我们希望显示某一方执子的时间，所以还应该获取时间：

```
24    #时间
25    self.last_time = time.time()#获取时间
26    self.current_time = time.time()
```

接下来，我们还需要什么函数呢？我们代入计算机的视角，如何体现出我在棋盘上下了一颗棋子呢？当然是在相应的位置添加图片了。因此，我们需要编写两个函数，分别在我们落子时向棋盘上添加黑棋或白棋：

```
28    def black_chess(self, pos):#黑棋函数
29        return chess.Chess(pos, 32, 32, os.path.join(self.resource_folder,'black.png'))#在相应位置添加黑子图片
30    def white_chess(self, pos):
31        return chess.Chess(pos, 32, 32, os.path.join(self.resource_folder,'white.png'))
```

123

零基础学Python编程一本通

当最后计算出胜利者时，我们直观地看是通过眼睛观察，但对于电脑来说，它需要知道各个棋子的坐标。因此我们还需要一个函数用来获取棋子的坐标：

```
32    def to_my_xy(self, pos):#定义一个函数，返回棋子的整数坐标，棋子的大小是16*16
33        return pos[0]//32 + (0 if pos[0]%32<=15 else 1), pos[1]//32 + (0 if pos[1]%32<=15 else 1)
```

出于人性化的考虑，我们还设计了重开游戏的按键，当按下R键则重开游戏。那么重开游戏时电脑应当做什么呢？当然是清空棋盘上的所有棋子，切换到黑棋的回合并且重新计算时间。

```
34    def restart(self):#重开游戏
35        self.white_chess_group.empty()#清空白子
36        self.black_chess_group.empty()#清空黑子
37        self.round = 'black'#回合变为黑子
38        self.winner = ''#胜利者消失
39        self.last_time = time.time()#重新获取时间
40        self.current_time = time.time()
```

最重要的一点来了，如何判断是否产生了胜利者？这是一个数学上的问题，大家可以找一张白纸动手写一下逻辑。由于逻辑太过冗长，这里直接给出代码：

```
def check_success(self, chess_list, new_
chess):# 判断是否产生胜利者
    chessxy = {}
    for i in range(-1,21):
        for j in range(-1,21):
            chessxy[(i,j)] = 0
    pos = new_chess
```

124

```
for i in chess_list:
    chessxy[i.pos] = 1
# 水平
count = 1
i = 1
while True:
    if chessxy[pos[0]-i, pos[1]]:
        count += 1
        i +=1
    else:
        break
i = 1
while True:
    if chessxy[pos[0]+i, pos[1]]:
        count += 1
        i +=1
    else:
        break
if count >= 5:
    return True
# 垂直方向
```

```
count = 1
i = 1
while True:
    if chessxy[pos[0], pos[1]-i]:
        count += 1
        i +=1
    else:
        break
i = 1
while True:
    if chessxy[pos[0], pos[1]+i]:
        count += 1
        i +=1
    else:
        break
if count >= 5:
    return True
# 左上到右下方向
count = 1
i = 1
while True:
```

```python
        if chessxy[pos[0]-i, pos[1]-i]:
            count += 1
            i +=1
        else:
            break
    i = 1
    while True:
        if chessxy[pos[0]+i, pos[1]+i]:
            count += 1
            i +=1
        else:
            break
    if count >= 5:
        return True
    # 左下到右上方向
    count = 1
    i = 1
    while True:
        if chessxy[pos[0]-i, pos[1]+i]:
            count += 1
            i +=1
```

```
        else:
            break
    i = 1
    while True:
        if chessxy[pos[0]+i, pos[1]-i]:
            count += 1
            i +=1
        else:
            break
    if count >= 5:
        return True
    return False
```

当然，上述代码尚有可以优化之处，也希望大家能发挥自己的智慧，将判断逻辑写得更加简洁。

最后就是游戏运行函数了。在代码中已经添加了详尽的注释。

```
def run(self):
        while self.running:# 该变量在第 12 行
            self.screen.blit(self.
background,(0,0))# 在坐标（0，0）处绘制背景
            self.clock.tick(30)# 屏幕刷新
```

```
        for event in pygame.event.
get():# 设置事件
            if event.type == QUIT:# 如
果按了退出键，则退出游戏
                exit()
            if event.type == KEYDOWN:
# 如果按了一个键
                pressed_key = pygame.
key.get_pressed()# 获取按下的键
                if pressed_key[K_r]:
# 如果按下的键是 K 或 R
                    self.restart()# 重
新开始游戏
            if event.type ==
MOUSEBUTTONDOWN:# 如果点击鼠标
                mouse_pos = pygame.
mouse.get_pos()# 获取鼠标光标的位置
                print(mouse_pos)# 在控
制台打印出鼠标点击的位置
                if event.button ==
1:# 如果按下的是鼠标左键
```

```
                        pygame.
mixer.Sound(os.path.join(resource_
folder,'piece.wav')).play()#添加落子音效
                    if not self.winner:#
如果胜利者还未出现

                        if mouse_pos[0] >
16 and mouse_pos[0]<624 and mouse_pos[1]
> 16 and mouse_pos[1] < 624:#如果点在棋盘上
                            mouse_pos =
self.to_my_xy(mouse_pos)#获取棋子位置
                            print(mouse_
pos)#打印棋子位置

                            clicked_chess
= None

                            if self.round
== 'black':#如果是黑子回合

                                for i in
self.black_chess_group.sprites()+self.
white_chess_group.sprites():#检查是否点在了
已有的棋子上

                                    if
```

```
i.pos == mouse_pos:

clicked_chess = i

break
                                if not
clicked_chess:
                                self.
black_chess_group.add(self.black_
chess((mouse_pos)))# 添加棋子
                                if
self.check_success(self.black_chess_
group.sprites(), mouse_pos):# 如果黑子胜利

print('Black Wins!')# 打印黑子胜利

self.winner = 'black'
                                else:

self.round = 'white'# 回合切换至白子
self.last_time = time.time()# 重新计时
```

```
              else:
                        for i in
self.black_chess_group.sprites()+self.
white_chess_group.sprites():
                              if
i.pos == mouse_pos:

clicked_chess = i

break
                        if not
clicked_chess:

self.white_chess_group.add(self.white_
chess((mouse_pos)))
                          if
self.check_success(self.white_chess_
group.sprites(), mouse_pos):

print('White Wins!')
self.winner = 'white'
```

```
                                            else:

self.round = 'black'

self.last_time = time.time()

        self.screen.blit(self.lable1,
(650,20))
        self.screen.blit(pygame.font.
SysFont('SimHei', int(20)).render((' 当前执
子: '+(' 黑方 ' if self.round == 'black' else
' 白方 ')),True,(0,0,0)),(650,100))
        if self.winner:# 如果胜利方出现
            self.screen.blit(pygame.
font.SysFont('SimHei', int(25)).render(((
' 黑方 ' if self.round == 'black' else ' 白
方 ')+' 胜利! '),True,(240,0,0)),(650,500))#
在相应位置打印出胜方
        else:
            self.current_time = time.
time()
```

```
                    self.screen.blit(pygame.
font.SysFont('SimHei', int(20)).
render(time.strftime("%M:%S",time.
localtime(self.current_time - self.last_
time)),True,(0,0,0)),(650,130))# 显示当前
执子方
                    self.black_chess_group.
update()# 黑子组更新
                    self.black_chess_group.
draw(self.screen)
                    self.white_chess_group.
update()# 白子组更新
                    self.white_chess_group.
draw(self.screen)
                    pygame.display.update()
# 更新界面显示
```

至此，五子棋小游戏已经全部编写完成。马上试一
试吧！

## 第 10 章

Python实现简易计算器

在学习与生活中，我们常常要用到计算器，下面为大家带来一个基于PyQt5库实现的简易计算器。

参考代码如下：

```python
# -*- coding: utf-8 -*-
# 上边一行代码的意思是这个文件是 utf-8 编码的。
一般有中文的文件都要加上上一行。
import sys


from PyQt5.QtWidgets import QApplication,
QWidget, QDesktopWidget, QGridLayout,
QPushButton, QLineEdit
from PyQt5.QtGui import QIcon
from PyQt5.QtCore import Qt


# 定义类 Caculator, 继承自 QWidget
class Caculator(QWidget):
    # 类的构造函数
    def __init__(self):
        super().__init__()# 先初始化父类
        self.screen_result = '0'# 屏幕上的
东西
```

```
        self.m = 0# 记忆的那个数字
        self.finished = False# 记录是否已经
完成了一次运算。在一个典型的计算器中，完成计算后
会重新进行一轮计算而不是继续
        self.initUI()# 初始化 UI


    def initUI(self):
        self.resize(300, 400)# 设置大小
        self.center()# 令其出现在屏幕中间。注
意，该函数为自己写的，库里没有


        self.setWindowTitle(' 计算器 ')# 设
置窗口
        self.setWindowIcon(QIcon('caculator.
png'))# 设置图标


        grid = QGridLayout()# 创建布局管理
器，这里使用网格布局，十分适合计算器
        self.setLayout(grid)# 设置布局管理器
```

```
        self.result_text = QLineEdit()# 设
置一个文本框，用来显示结果
        self.result_text.
setReadOnly(True)# 设置为只读
        self.result_text.setText(self.
screen_result)# 设置初始文字
        self.result_text.
setAlignment(Qt.AlignRight)# 设置右对齐
        grid.addWidget(self.result_text,
0, 0, 1, 4)# 把文本框添加到布局管理器里

        names = ['MC', 'M+', 'M-', 'MR',
'C', '÷', '×', 'BackSpace', '7', '8',
'9', '-', '4', '5', '6', '+', '1', '2',
'3', '=', '%', '0', '.']
        positions = [(i, j) for i in
range(1, 7) for j in range(4)][:-1]# 上面
两行生成了计算机的按钮文本及其对应的文字
        for positions, name in
zip(positions, names):
            button = QPushButton(name)
# 创建按钮
```

```
        button.clicked.connect(self.
button_click)# 绑定点击事件
        if name == '=':# 等号占用两个格
子，因此需要特殊对待
            grid.addWidget(button,
*positions, 2, 1)# 这个 * 是用来解包的，例如，
print((1, 2)) 结果为 (1, 2)，而 print(*(1,
2)) 结果为1, 2
        else:
            grid.addWidget(button,
*positions)
    self.show()# 显示窗口

    def center(self):# 这个函数无需多言
        fg = self.frameGeometry()
        fg.moveCenter(QDesktopWidget().
availableGeometry().center())
        self.move(fg.topLeft())

    def calculate(self, expression):# 这
个函数接收一个字符串，返回计算结果
```

```
        if expression[-1] in '+-*/':# 如
果字符串最后一个字符是符号，那么应该去掉它，因为
它没用
            _temp = expression[:-1]
        else:
            _temp = expression

        _temp = _temp.replace('%', '/100')
# 将百分号 % 替换为 /100
        print('Calculating:', _temp)
        try:# 这里用 try-except 是因为防止
1/0 这样的错误出现
            _result = eval(_
temp)#eval(str) 是 Python 内建函数，将 str 看
成一行 Python 语句执行并返回结果
        except Exception as e:
            _result = 'ERROR'# 如果出错了，
结果就是 ERROR
            print(str(e))
        print('Result is', _result)
        return _result
```

```
    def button_click(self):# 所有按钮都与这
个按钮绑定了
        sender = self.sender()
        clickevent = sender.text()# 得到被
按下按钮的文本
        if clickevent == '=':# 如果 "=" 被
按下，那么计算当前屏幕上表达式的结果，并且替换。
标记已完成了一次计算
            self.screen_result =
str(self.calculate(self.screen_result))
            self.finished = True

        elif clickevent == 'C':# 清零键
            self.screen_result = '0'

        elif clickevent == 'BackSpace':
# 退格键，有三种情况：①如果刚完成了一轮计算，那
么直接归 0；②如果只有一位数，那么退格之后为 0；
③如果是多位数那么直接删除最后一位
            if self.finished:
                self.screen_result = '0'
                self.finished = False
```

```
            elif len(self.screen_result)
== 1:
                self.screen_result = '0'
            else:
                self.screen_result =
self.screen_result[:-1]

        elif clickevent == 'MC':# 记忆清除键
            self.m = 0
            print('Memory cleared')

        elif clickevent == 'MR':# 调用记忆
            if self.screen_result == '0':
                self.screen_result =
str(self.m)
            elif self.screen_result[-1]
in '+-*/':
                self.screen_result +=
str(self.m)
        elif clickevent == 'M+':# 记忆加,
先计算,判断是否出错,然后记忆加
```

```
        _temp = self.calculate(self.
screen_result)
        if _temp == 'ERROR':
            self.finished = True
            return
        self.m += _temp
        print('Memory now is', self.m)

    elif clickevent == 'M-':# 记忆减,
同上
        _temp = self.calculate(self.
screen_result)
        if _temp == 'ERROR':
            self.finished = True
            return
        self.m -= _temp
        print('Memory now is', self.m)
    elif clickevent in '+-%':
        self.screen_result +=
clickevent

    elif clickevent == '×':
```

```
                    self.screen_result += '*'

        elif clickevent == '÷':
            self.screen_result += '/'

        else:#最后剩下1234567890这几个数字。
有三种情况
            if self.finished == True:
                self.screen_result = '0'
                self.finished = False
            if self.screen_result ==
'0':
                self.screen_result =
clickevent
            else:
                self.screen_result +=
clickevent
        self.result_text.setText(self.
screen_result)#更新一下屏幕上的数字

if __name__ == '__main__':
```

```
app = QApplication(sys.argv)# 创建应用
ex = Caculator()# 创建计算器这个窗口


sys.exit(app.exec_())# 执行, 退出
```

这是计算器最后的样子:

第 **11** 章

Python嵌入式实例
——机器视觉

11.1 MicroPython介绍

在前面的章节中，我们系统地学习了Python的大部分基础功能，大家是否感受到了它的神奇之处呢？然而Python的用途可不仅仅是在电脑上，在单片机中，Python也有着越来越广泛的应用，这时我们就不得不提到MicroPython了。

英国剑桥大学的教授 Damien George是一名计算机工程师，他每天都用Python进行工作，同时他也会做一些机器人项目。有一天，他突然有了一个大胆的想法：能不能用Python语言来控制单片机，从而实现对机器人的操控呢？

于是，这位教授花了六个月的时间开发出了MicroPython，并且在2014年，为了宣传MicroPython，他在KickStarter网站上进行了一次众筹，众筹

内容就是后来的pyboard。pyboard一经推出，便受到了全世界的工程师和爱好者的广泛关注，获得了很高的评价，并很快被移植到多个硬件平台上，很多爱好者也开始使用

它做出各种各样有趣的东西。

这是最早推出的搭载MicroPython语言的开发板。得益于pyboard的开源，各研究团队研发出多种多样的pyboard衍生板，例如PYB nano等。后面我们将介绍目前使用非常广泛的一个产品：OpenMV。

 机器视觉模块——OpenMV

OpenMV（图11.1）是一个开源、低成本、可拓展、基于MicroPython的机器视觉模块，它成功地让机器视觉的算法更接近制造商和爱好者。

图11.1 OpenMV模块

OpenMV上的视觉算法有很多，包括寻找色块、人脸检测、眼球追踪、边缘检测、标志跟踪等，我们甚至可以在OpenMV上运行已经训练好的神经网络。OpenMV的使用者只需要写一些非常简单的代码，就可以轻松地完成各种机器视觉相关的任务，而这些任务往往是基于其他语言的嵌入式模块很难轻松实现的。

由于OpenMV小巧的设计，它可以被用在很多有创意的产品上，例如智能小车、智能机器人、机械臂、无人机等。拥有了OpenMV这样的"眼睛"，机器人可以增强对周围环境的感知能力，给无人机增加识别、巡线的功能。甚至在工业上，OpenMV也可以发挥残次品筛选等功能。

同时，OpenMV也支持很多拓展模块的使用，例如无线图像传输、激光测距模块等，如图11.2所示。这对OpenMV在各种场景中的用途提供了很大的便利。

图11.2 OpenMV 的拓展

11.3 OpenMV的基本使用

　　OpenMV在国内由星瞳科技公司代理，在使用OpenMV时我们可以通过星瞳科技官网下载OpenMV的专用IDE。在使用OpenMV之前，我们只需要用一根数据线将OpenMV连接在电脑上。当然，我们也可以在OpenMV的TF卡槽插入一张新的TF卡，就可以将图片等文件保存在这张卡中。

　　当我们把OpenMV连接到电脑上时，我们的电脑会认为读取到了一个U盘，打开文件资源管理器，我们可以看到：

U 盘 (G:)
103 KB 可用，共 111 KB

　　我们通过OpenMV IDE打开其中自带的main.py文件，会看到这样的代码：

```
main.py
1    # main.py -- put your code here!
2    import pyb, time
3    led = pyb.LED(3)
4    usb = pyb.USB_VCP()
5    while (usb.isconnected()==False):
6        led.on()
7        time.sleep_ms(150)
8        led.off()
9        time.sleep_ms(100)
10       led.on()
11       time.sleep_ms(150)
12       led.off()
13       time.sleep_ms(600)
```

将代码改成：

```
main.py
1  # main.py -- put your code here!
2  import pyb, time
3  led = pyb.LED(3)
4  usb = pyb.USB_VCP()
5  while (True):
6      led.on()
7      time.sleep_ms(150)
8      led.off()
9      time.sleep_ms(100)
10     led.on()
11     time.sleep_ms(150)
12     led.off()
13     time.sleep_ms(600)
14
```

点击IDE左下角的连接，将OpenMV与IDE连接在一起，就可以点击连接下方的运行进行测试！

经过测试，OpenMV上的LED有规律地闪烁，程序成功运行！

如果我们想测试镜头，只需要输入这些代码：

```
import sensor# 引入感光元件的模块

# 设置摄像头
sensor.reset()# 初始化感光元件
sensor.set_pixformat(sensor.RGB565)# 设置
为彩色
sensor.set_framesize(sensor.QVGA)# 设置图
像的大小
```

零基础学Python编程一本通

```
sensor.skip_frames() # 跳过 n 张照片，在更改设
置后，跳过一些帧，等待感光元件变稳定

# 一直拍照
while(True):
    img = sensor.snapshot() # 拍摄一张照片，
img 为一个 image 对象
```

然后就可以在IDE的右上角看到OpenMV视野中的画面了。

> **注意** 我们希望OpenMV在上电期间一直工作，所以在针对OpenMV的编程工作中，while循环将会是我们的主旋律。同时，我们在星瞳科技的官方网站上也可以找到很多OpenMV的详细教程与基本例程，可以亲自动手实验一番。

 OpenMV例程——辨别几何图形

经过在网站上的学习，我们已经学会了很多OpenMV的基本函数使用，那么我们可以动手尝试一个小型的项目了。

OpenMV初学者必然会接触到色块的识别，那么假如有一张白纸，上面画着矩形、三角形和五角星这三个图形，我们该如何实现呢？

首先，我们需要导入我们需要用到的库：

```
import sensor, image, time, math
```

sensor模块用于拍摄照片，设置相机。关于各种OpenMV上的库的详细介绍，大家可以移步docs.singtown.com进行参考。

导入库之后，我们要设置相机：

```
sensor.reset()
sensor.set_pixformat(sensor.RGB565)
sensor.set_framesize(sensor.QQVGA)
sensor.skip_frames(time = 2000)
clock = time.clock()
```

• sensor.reset()函数的用途是初始化相机传感器，在OpenMV开始工作时对相机传感器进行一个初始化的操作。

• sensor.set_pinformat()函数用来设置相机模块的像素格式，这里使用的是RGB565，即每像素16比特的彩色模式。

• sensor.set_framesize()函数用来设置相机每帧图像的大小,体现在IDE右上角图片的像素上,大家可以自行更改参数进行尝试。这里我们选择QQVGA的大小。

• sensor.skip_frames()函数用来跳过一段时间,让相机在改变参数后稳定下来,这里选择2000毫秒也就是2秒的延时,也就是说,在OpenMV上电后的2秒内,相机模块处于调整的状态,并不立即开始正常工作。

接下来,我们设置要找的颜色阈值。假设我们要找黑色的色块,那么就要使用黑色的阈值。在OpenMV中色彩使用的是LAB格式,LAB格式的图像有着L、A、B三个通道,其中L是亮度,A和B是颜色。我们的颜色阈值有6个参数,分别是L的最小值、最大值,A的最小值、最大值,B的最小值、最大值。

```
black_threshold=(8, 30, -31, 31, -22, 19)
```

随后我们定义一个函数,用来找视野中最大的一个色块,因为场景中总是难免有各种颜色的干扰,我们尽可能地寻找视野中较大的色块:

```
def FindMax(blobs):
    max_size=1
    if blobs:
```

```
    max_blob = 0
    for blob in blobs:
        blob_size = blob.w()*blob.
h()
        if ( (blob_size > max_size)
& (blob_size > 100)  ) :
            if ( math.fabs( blob.w()
/ blob.h() - 1 ) < 2.0 ) :
                max_blob=blob
                max_size = blob.
w()*blob.h()
    return max_blob
```

这个函数可以返回最大的色块对象。

随后进入逻辑判断环节。考虑到大家的数学知识储备，我们可以采用一种巧妙的方法来分辨矩形、三角形以及五角星这三种图形，那就是面积。

在image库中，有这样的一个函数：solidity()，它的作用是计算当前图形与它的最小外接矩形的占空比。什么是最小外接矩形呢？通俗来理解，就是一个能把当前图形包含进去的最小的一个矩形。我们知道矩形的最小外接矩形是它本身，三角形的外接矩形面积正好是它的2倍，五角

星的外接矩形面积比五角星的2倍稍大。因此我们可以通过占空比来对图形的形状进行一个简单的区分。

```
while(True):
    clock.tick()
    img = sensor.snapshot()
    if enable_lens_corr: img.lens_
corr(1.8) # for 2.8mm lens...
    blobs = img.find_blobs([black_
threshold], area_threshold=500)
    max_blob=FindMax(blobs)# 找到最大的那个
    if max_blob:
     for blob in img.find_blobs([black_
threshold],x_stride=10,y_
stride=10,pixels_threshold=100, roi
= (max_blob[0],max_blob[1],max_
blob[2],max_blob[3])):
        #openmv 自带的寻找色块函数。
        #pixels_threshold 是像素阈值，面积小
于这个值的色块就忽略
        #roi 是感兴趣区域，只在这个区域内寻找
色块
```

```
        #are_threshold 是面积阈值，如果色块
被框起来的面积小于这个值，会被过滤掉
        print(' 该形状占空比为 ',blob.solid-
ity())
        if blob.solidity()>0.805:#
            print("检测为长方形    ",end='')
            img.draw_rectangle(blob.
rect())
            print(' 长方形长 ',blob.w(),'
宽 ',blob.h())
        elif blob.solidity()>0.65:
            print("检测为圆    ",end='')
            img.draw_keypoints([(blob.
cx(), blob.cy(), int(math.degrees(blob.
rotation())))], size=20)
            img.draw_circle((blob.cx(),
blob.cy(),int((blob.w()+blob.h())/4)))
            print(' 圆形半径 ',(blob.
w()+blob.h())/4)
        elif blob.solidity()>0.45:
            print("检测为三角形    ",end='')
```

```
        img.draw_cross(blob.cx(),
blob.cy())
        print(' 三角型边长 ',blob.w())
    elif blob.solidity()>0.30:
        print(" 检测为五角星   ",end='')
        img.draw_cross(blob.cx(),
blob.cy())
        #print(' 三角形边长 ',blob.w())
    else: # 基本上占空比小于 0.3 的都是干
扰或者三角形，索性全忽略了。
        print("no dectedtion")
            img.draw_cross(blob.cx(),
blob.cy())
```

找一张白纸画上不同的图案，就可以拿OpenMV进行测试了。

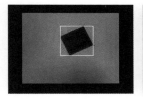

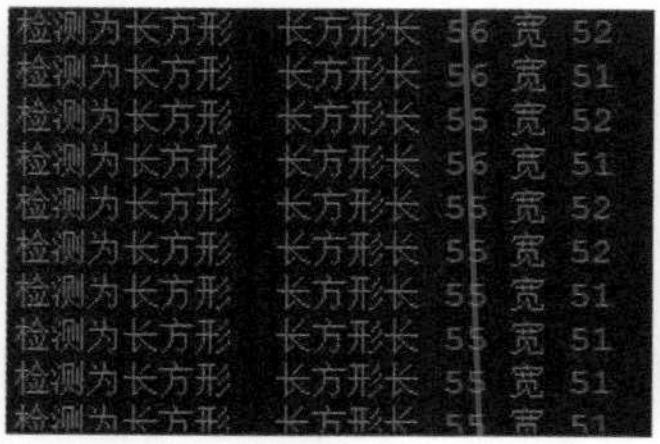

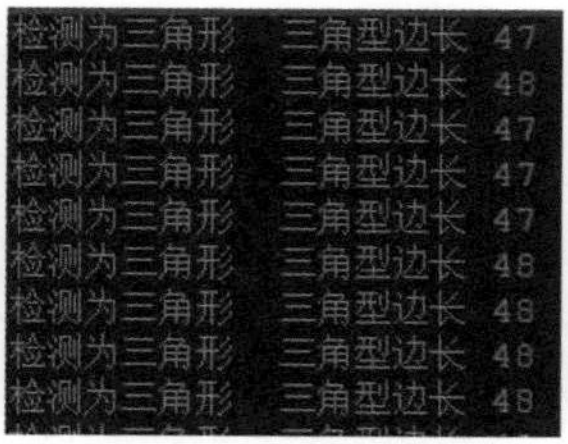

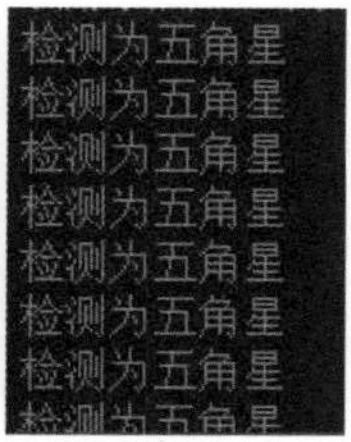

我们会发现成功了！经过后期对参数的不断调整，我们可以尝试将识别率进一步提高。

附录 | pygame常用模块

⚙ pygame.image.load() ——从文件加载新图片

从文件加载一张图片，可以传递一个文件路径或一个 Python 的文件对象，应该使用 os.path.join() 提高代码的兼容性。

⚙ pygame.sprite.Group() ——创建精灵组

当程序中有大量实体的时候，操作这些实体将会是一件相当麻烦的事，那么有没有什么容器可以将这些精灵放在一起统一管理呢？答案就是精灵组。pygame使用精灵组来管理精灵的绘制和更新，精灵组是一个简单的容器。使用pygame.sprite.Group()函数可以创建一个精灵组。

⚙ pygame.font.SysFont() ——从系统字体库创建一个 Font 对象

SysFont的参数为name、size、bold、italic，从系统字

体库中加载并返回一个新的字体对象。该字体将会匹配
bold（加粗）和italic（斜体）参数的要求。如果找不到一
个合适的系统字体，该函数将会回退并加载默认的
pygame 字体。尝试搜索的 name 参数可以是一个用逗号隔
开的列表。

pygame.event.get() ——从队列中获取事件

　　参数有空值、type、typelist，可以获取并从队列中删
除事件。如果指定一个或多个type参数，那么只获取并删
除指定类型的事件。

pygame.key.get_pressed() ——获取键盘上所有按键的状态

　　返回一个由布尔类型值组成的序列，表示键盘上所有
按键的当前状态。使用key常量作为索引，如果该元素是
True，表示该按键被按下。

pygame.mouse.get_pos() ——获取鼠标光标的位置

　　返回鼠标光标的坐标 (x, y)，这个坐标以窗口左上角
为基准点。

🔧 pygame.mixer.Sound.play ——开始播放声音

Sound()参数为文件名，play()参数为loops、maxtime、fade_ms。loops参数控制第一次播放后样本重复的次数。值为 5 表示声音将播放1次，然后重复播放5次，因此共播放6次。默认值（0）表示声音不重复，因此只播放1次。如果循环设置为 - 1，则Sound将无限循环。maxtime参数可用于在给定的毫秒数后停止播放。fade_ms参数将使声音以0音量开始播放，并在给定时间内逐渐升至全音量。

🔧 pygame.display.update() ——更新部分软件界面显示

参数为rectangle、rectangle_list，可以传递一个或多个矩形区域给该函数用于更新屏幕的部分内容，而不必完全更新。如果没有传入任何参数，那么该函数就会更新整个界面。

🔧 pygame.mixer.pre_init ——预设混音器初始化参数

参数为frequency、size、channels、buffersize，默认值分别为22050、 - 16、2、4096。

🔧 pygame.mixer.init ——初始化混音器模块

参数为frequency、size、channels、buffersize，默认值

分别为22050、－16、2、4096。

⚙ **pygame.init** ——初始化pygame库

⚙ **pygame.transform.scale()** ——调整大小到新的分辨率

scale(Surface, (width, height), DestSurface = None) -> Surface

将Surface的大小调整为新分辨率。这是一种快速扩展操作，不会对结果进行采样。可以使用可选的目标Surface，而不是创建新的目标Surface。如果想反复缩放某些东西，这会更快。但是，目标必须与传入的(width，height)大小相同，目标Surface也必须是相同的格式。